宇宙マンダラ

天文学者の
人類未来への提言

海野和三郎
Unno Wasaburo

BNP
ビイング・ネット・プレス

宇宙マンダラ——天文学者の人類未来への提言◉目　次

第1章　エネルギー

第2章　地球環境

第3章　教育

第4章　宇宙性

第1章　エネルギー

将来世代エネルギーの展望――将来世代エネルギー学概論

一　はじめに

人口問題・エネルギー問題・環境問題が結合して将来世代の人類の存続を脅かしている。防衛問題・経済問題などは緊急ではあっても、これら3大問題と比べれば2次的であるといえる。世界中の紛争や国際間の軋轢は直接または間接的にこれら3大問題が原因となっている。

一方、人間の思考はいろいろなシステムのモデルを作ることが主になっており、必然的に将来指向である。したがって、将来の見通しが立たなければ、心が閉鎖的になって人間らしい生き生きとした生き方ができなくなってしまう。これが本当の世紀末現象ハルマゲドンであろう。これを打開するには精神面の高揚が必要であるが、同時に物質面での解決も不可欠である。

人口問題と環境問題はそれぞれが多元的で不確定要素があり、科学的な見通しを立てることは目下のところかなり困難である。それに比べると、エネルギー問題は問題の所在と解決の方向が比較的明らかである。結論的に言えば、それはエネルギー源を無公害無限の太陽エネルギーに切り替えて、石油等の化石燃料やウラニウムなどの原子力資源等の限りある資源を将来世代に残すよう、ライフスタイルをできるだけ早く確立することである。その方策を現状において整理し、将来の可能性の見通しを持つことが本稿の目的である。

将来世代に関して特に問題になる時間尺度は、石油等の枯渇が問題となる100年先と、原子力資源の枯渇が問題になる1000年先であろう。1万年以上については、もし核融合が技術的に成功すれば重水素資源で決まる時間尺度が問題になるが、目下のところ成功の見通しはまるっきり立っていない。完全にリニューアブルな無限（数十億年）のエネルギーである太陽エネルギーだけが最後まで生き残ることになる。それでは最初から、太陽エネルギーだけを問題にすればよさそうなものであるが、太陽エネルギーを利用するには、分散したエネルギーを集めて使いやすくすることが課題となる。地球自身は太陽エネルギーの巨大な集熱装置ではあるが、エネルギーの多くは自然環境保持に使われ、エネルギー集中の効率はよくない。自然環境を破壊せずに自然自体からエネルギーを貰うテクノロジーを考えなくてはならない。これについて議論することが是非とも必要である。

二　いろいろなエネルギー源

エネルギーはいろいろな形で存在する。エネルギー利用にあたっては、現在与えられたエネルギーの量と状態が分かっていれば十分であるという意識では、将来世代につながるビジョンを発展させることは難しい。

エネルギーには大別して、運動や位置に関係した力学的エネルギー、原子力などの物質に付随したエネルギー、および光や熱のエネルギーがある。[1] また、自然界で別の形のエネルギーへの転換や濃縮および拡散が行われ、大本のエネルギーが何処にあったのか、その変換の効率はいくらか、変換の時間尺度はどれくらいか、が問題になる。例えば、水力発電でのエネルギーはダムの水の位置のエネルギーであるが、もとをただせば水を蒸発させて雨にした太陽熱のエネルギーである。エネルギーをダムの水位という使いやすい形に濃縮した変換効率を考慮して他のエネルギー源と比較しなくてはならない。逆に、他の太陽エネルギー利用を水力発電の場合と比較することにより、その利用法の得失が一層明らかになる。太陽エネルギー自身が太陽中心部における水素の熱核反応によるから、もとは物質に付随した原子力エネルギーということになるが、エネルギー利用の観点ではそこまで遡る必要はない。

この観点のもとでは、力学エネルギーに登録されるエネルギーは地球自転と月の引力がもとになっている潮汐のエネルギーくらいであるが、潮汐発電ができる場所は非常に限定される。したがって、力学的エネルギーに関してはこれ以上論議せず、主として物質に付随したエネルギーと太陽エネルギーの利用について考えることにする。

エネルギー利用にあたって大切なことは、自然と人間との役割の分担と両者の結合の円滑さである。エネルギー変換の機構は、スケールの違いはあっても原理は同じであるから、人工のテクノロジーが自然理解の役に立ち自然界の機構は技術開発の大きなヒントになる。この辺りまで含めて将来世代エネルギー学を議論しなくてはならない。

三　原子力エネルギー

現在のエネルギーの本命は石油・天然ガス・石炭などいわゆる化石燃料であるが、原子力も電力の3割を占める大所である。化石燃料が大雑把に言ってあと100年ということであれば、将来エネルギーとしてまず考えるのは原子力であろう。

原子力のエネルギーは質量あたりにすると、鉄で最も低く、水素を初めとする軽い元素は核融合でエネルギーを出し、ウラニウムなどの重い元素は核分裂でエネルギーを出す。宇宙に水素とヘリウムが圧倒的に多く、鉄が水素ほど多くないのは宇宙初期のビッグバンが急激であったためである。したがって、水素の核融合によってエネルギーを得るのが原理的には最も効率がよいことになるが、自然の状態では太陽中心のような高温高圧を必要とする。人工的にこれを行うと水爆となりコントロールができない。核融合のコントロールは原理的には不可能ではないが、実質的にはコントロールできるという可能性は今のところ全く見えない。

原子力のもう一方の旗頭であるウラニウムは超新星爆発という特殊な環境で作られたごく微量の元素である。特に原子炉でマッチの役割をするウラン235は安定性の弱い元素だけに量も少なく、それ故ウラニウムなどの放射性元素は永遠のエネルギー源とみなすわけにはいかない。ウラニウムは地球や人間とも恒星進化の結果という同じ起源をもった宇宙の恵みの一つであるから、むしろ将来世代のためにできるだけ大事に残しておきたいものである。そのほか第3の物質エネルギーとして地熱がある。地熱は放射性元素の崩壊やマントル対流プレート運動の関係したエネルギーであるが、これが利用できる環境は極めて限られており、これ以上問題としないでよいであろう。

ただし火山島地下1000mのマグマの高温と北極海底から海洋大循環してくる3℃の深海水との温度差を利用する地熱海洋発電は将来の可能性である。

四　太陽電池

太陽エネルギーは光としての特性と熱エネルギーとしての特性に分けられる。太陽電池は光としての特性を人工的に利用するが、植物の光合成も太陽光を炭水化物の合成に用いる。熱としての太陽エネルギーの役割はまず第1に地表温度の保全である。

地球が受ける太陽光を地球の全表面での温度輻射としてバランスさせると、水が液体でいられる摂氏数度の生命の適温となる。実際は、大気や雲による散乱吸収と地面での反射があり、受けた太陽光を全部地表で吸収するわけではないが、水蒸気や二酸化炭素などの温室効果があって地表温度はさらに幾分高い適温に保たれる。しかし、ここで特に強調しておくべきことは、水と地面特に海の保温効果がなければ気温変動は昼夜および夏冬で優に何百度も変ることである。つまり、太陽と水のコンビネーションが生物環境を作ったといっても過言ではない。将来エネルギー問題の解もその辺りに見出されるのが自然である。

太陽電池は輻射エネルギーを直接電気エネルギーに変換する。その効率も10％を越えるようになり、将来は倍以上の効率が期待されている。機械部分がなく、扱いが簡単で何より公害を起こさない点が優れている。小規模の電力供給のめどはこれで立ったとしてよいであろう。問題点は工業製品であることで、仮に100万kWの発電をしようとすれば数km四方の面積に太陽電池のパネルを敷き詰めなければならない。それだけの太陽電池を作り維持するにはエネルギーと資源の消費が必要であり、公害と全く無縁とは言い切れない。現在では経済性の問題が最も厳しいが、仮にこの問題がクリアされたとしても、製造には電力を要し、また原料となる良質の珪酸塩など資源の問題もある。[2] したがって、太陽電池は将来エネルギーの担い手として非常によい脇役ではあるが、主役となることは難しい。太陽熱発電への移行が必要であろう。

五　光合成

地球環境の大本が太陽と地球重力であるとすると、植物の光合成はそれを育てて生命の息吹を与えた。光合成に与る太陽光は直接的には光の性質であるが、水を液体に保つ環境を与える意味で熱エネルギー供給者という役割も不可欠である。矢吹萬壽によると、[3] 太陽・水・二酸化炭素に加えて、重なり合った葉に二酸化炭素を送り、溜った酸素を吹き払う風の役割が重要である。風を駆動しているのは元をただせば太陽熱であるから、太陽エネルギーは3重の意味で光合成に寄与している。

光合成で固定されたエネルギーは、微生物から人に至る生物の食物やバイオマスとして燃料や建材に用いられる。一部は数億年の地質時代からの蓄積として地下に貯蔵され、石油・石炭・天然ガスとして利用されている。この蓄積は現在もマリーンスノウのような形で行われているが、人類誕生以来数１００万年の間蓄積したとしても数億年の１％に過ぎず、数億年来の蓄積も人類はたった１００年で蕩尽しようとしている。

地球にとどく太陽光の強度は約 1.4kW/m^2、反射などのロスをいれて約 1kW/m^2 となる。夜昼および緯度について平均するとその４分の１すなわち 250W/m^2 となる。地球全体では 1.5 × 10^{14}kW、１年間で 4.5 × 10^{24}J である。一方、世界のエネルギー消費は年間約３× 10^{20}J であり、光合成では陸上でその約10倍、海の藻類などの微生物がその約５倍のエネルギーを固定していると言われる。[1] 光合成が太陽エネルギーを固定する効率は０・１％となるが光合成に適しない砂漠や寒冷地のあることや、光合成が複雑な触媒反応を必要とすることを考えると、その能率の良さは驚くべきものがある。

このことは全ての生物は太陽エネルギーで生きるのが本来の姿であることを暗示する。事実、つい最近までは人類ももっぱら光合成の生成物に直に頼って生きてきた。これに反し、光合成生成物の化石エネルギーへの変換と化石エネルギー保存の効率は極めて悪い。したがって、化石燃料に依存した文明は全く異常という他はない。環境破壊を伴うのでなおさらである。[4]

将来世代エネルギーとしての光合成は、食物・飼料・建材等の資源として替え難い重要性を持つ。しかし、バイオマスは総量として十二分でも、エネルギーの集中度において石油など化石燃料に劣るので、例えば熱源や電力源に使えなくはないがあまり向いてはいない。

しかし、バイオマスは分解したり燃やしても、二酸化炭素をもとの量以上に増やすことはない。その意味でバイオマスは二酸化炭素の大きな貯蔵庫になっていて、地球温暖化の防止にも貢献している。

したがって、光合成は普通の意味での将来世代エネルギーの主役ではないが、その特性は将来世代においても活力の源となるものである。また、光合成を以下に述べる太陽熱利用に関する評価の基準にとることもできる。

六　自然の集蓄熱

太陽熱利用は大別して、集熱と蓄熱と蓄熱エネルギー利用のテクノロジーに分けられる。[5]集熱も自然集熱と人工集熱とある。水力・風力・波浪なども自然の集蓄熱と考えて差し支えない。太陽エネルギーは地球全体に広がっているので、自然がたとえ能率が悪くとも集蓄熱して利用しやすい形にしてくれれば充分利用価値が出ることになる。

光合成の場合は、集蓄熱の能率は厳密ではないが一応、0・1％と評価された。1桁や2桁は定義の仕方や利用目的で変動する。水力の場合は、太陽熱が水蒸気の蒸発に用いられ、水蒸気は上空で雨滴に凝集する。この段階で太陽熱は一応ロスなしで雨滴の位置のエネルギーに転換される。その高さはもとの水面から1000mとし、ダムの発電に利用できる落差を100mとし、日本の全ダムに水を供給する守備範囲の面積と日本の総面積との比をAとすると、水力の効率は一応10×A%ということになる。Aは全ダムからの総流出水量と全降水量または全河川の水量との比で、これを仮に1000分の1とすると、0・01%という値がでる。これをバイオマスの0・1%と比較すると、電力は極めて良質のエネルギーであるプラス面を考慮すれば、水力は将来世代エネルギーとして量的には充分ではないが適所での利用が有利であると言える。

風力については、おそらく水力より1桁下になるであろうが、同様な効率の推定ができよう。波浪のエネルギーは風力より更に2次的であって、港湾の保全設備のバイプロダクトとしての発電に利用できるが、量的には多分問題にならないであろう。

自然の集蓄熱の議論の最後に、大規模集蓄熱機構として海洋発電の条件設定を北極海が行う機構がある。これについてはソーラーポンドの機構が原理的に関連するので、それらを先に議論する。

人類生存の最重要課題の一つであるエネルギー問題のきっかけとして、ソーラーポンドの歴史的価値は大きい。

七　ソーラーポンド

ソーラーポンドは水の特性を利用した優れた太陽熱の集蓄熱装置である。水は太陽エネルギーの大部分を占める可視光に透明で、地球上の熱輻射に対しては不透明であるから、いったんポンドに入射して水底で吸収された太陽光のエネルギーは熱伝導と対流でポンドの外に運ばれる。水の熱伝導度は小さいから、対流を起こさない工夫をすれば、１ｍほどの深さのポンドで表面と底部との温度差を60～70度程度に保って、９割の集熱効率で蓄熱できる。１割は、熱伝導損失で、水深を深くすれば減る。実際は横面や底面からのロスがあり、対流制御の問題があるので、理想通りの効率を得るのは難しいが、ソーラーポンドが大変優れた集蓄熱装置であることはまちがいない。

対流が起こらないようにするには、通常食塩の濃度を下ほど濃くし、その密度勾配を利用する。塩度による密度の増加が熱膨脹による密度減少を上回るので、底部が高温になっても対流が起こらない仕掛けである。日中は放っておけば沸点にまで達するようになるが、ある温度以上になる余分のエネルギーは温湯熱湯として、または熱交換機でエネルギーを取り出す。ポンド自身の保温は非常によいから夜になっても殆ど温度は変化しない。

ソーラーポンドは今回のシンポジウムの主題でもあり、詳しくは専門家の議論に委ねる。[6] ソーラーポンド機構は１９００年代の初めに北欧の岩塩地帯の水溜りで発見され南極のLake Vandaという塩湖でも見つかっている。塩度と温度が階段状に下方ほど高いのが特徴である。

実験ポンドは各国にあるが、イスラエルの発電用ポンドやカリフォルニアの温水プール用ポンドなど既に経済的にも実用になっている。欠点は塩度の勾配が長期間ではくずれることで、保守が大変なことと排水の塩害が心配になることが問題である。そのため、各種無塩ポンドが実験段階で考案されており、将来は無塩ポンドが主流になると思われる。[7] 集蓄熱の効率については問題はない。昼夜平均250w/m^{2}の太陽エネルギーを１kW四方のポンドで集熱効率80％とすると20万kWとなる。ただし、これは給湯暖房などに熱量として用いる場合で、電力にするには熱機関の効率を掛けなければならない。通常の環境（絶対温度３００度）で温度差60度では熱機関の効率は最高５分の１であるから、20万kWの熱量からの電力は４万kW以下であるが１万kWの電力を得ることは難しくないであろう。

各市町村がいざとなれば１kW四方程度のソーラーポンドを作れば、手近に中規模のエネルギー施設を準備することは可能である。それに必要な効率のよい低温度差発電[8]などのテクノロジーの開発にはまだ充分の時間がある。大規模のパワーステーションも不可能ではないであろうが、大自然の集蓄熱に頼るのが利口である。

１００℃以上の高温を必要とする太陽熱発電では水の代わりに溶融塩を用いる。それについては後章に述べる。

八　北極海の集蓄熱

ソーラーポンドの集蓄熱の原理は、日中の太陽熱とバランスする温度を数週間保つ（対流を禁じた）水の働きにある。自然の集蓄熱の原理の一つは夏冬の温度差を地下10mの地中に保つ（地下水は夏冷たく冬暖かい）ことで、その利用にはヒートポンプを用いる。もう一つは北極海と南洋の温度差を1000年間も蓄熱する海洋大循環である。後者の利用の可能性は海洋発電として実験されている。

海洋大循環は北極海でできた冷塩水が北大西洋底に流入することに始まる。北極海は大陸から流入する河川のため塩度は上に低く、対流を起こさないソーラーポンド条件を満たし、表層が冷たく数mの氷層を形成する。雪が積り反射率が高くなり、緯度の高いことと相俟って北極海は冷塩水を作る負のソーラーポンドを形成する。南極は大陸で北極海に比べ守備範囲が小さい、その非対称のためもあって、冷塩水は深海底を赤道を更に南下し、希望岬の南を東に進み、一部はインド洋へ他は太平洋に進み、少し上層を逆に戻って大西洋を北上し海洋大循環を完了する。

深海では熱の交換は殆どなく、太平洋深海は事実上北極海の延長である[9]。温度は3度くらいで、表層との温度差は20～30度に達する。この温度差に対応する熱エネルギーに大循環の流量を掛けると、海洋大循環から利用可能なエネルギー総量として約４×10^{15}Wという値がでる。地球上全体の太陽エネルギー1.5×10^{17}Wと比較して、海洋大循環が持つ利用可能なエネルギーはその約３％を占めることになる。これは大雑把に言うと北極海の面積と地球全表面積との比である。年間にすると1.2×10^{23}Jとなり、これは現在の世界の全エネルギー消費量の４００倍である。しかも、深海にはその１０００倍が蓄熱されており、消費を１００倍にしても殆ど変化しない。

この利用可能なエネルギーをどうやって利用するか、そのテクノロジーは今後の問題であるが、将来世代エネルギーの大規模エネルギー源としては、北極海が作り太平洋等に蓄熱されたエネルギーが最も有望である。

九　海洋発電

深海と表層との温度差を使う海洋発電は実験段階であるが、経済性の問題・環境問題・生態系の問題などいろいろ問題があり、今後の課題である。電気冷蔵庫で外気との温度差を作るのと逆に、温度差を使って発電することになるが、１０００ｍの深海から冷水を汲み上げるのに電力を使うと、差引きした発電能力は小さなものになってしまう。[8]

単なる思い付きであるが、改良点として一つには、表層に例えば多孔質型ソーラーポンド[10]を付けて温度差を拡大することと、表層水の塩度の増加を用いて使用済み表層水と深層水との置き換えをサイフォン式にひとりでにやるようにすることが考えられる。

蓄電や送電の問題[11]も含めて、様々なテクノロジーの開発のための時間はまだ充分にある。今はただ可能性の検討だけで満足し、本稿を終えることにしたい。

十　結　論

結論は、はじめに述べた通りであるが、化石燃料の枯渇が問題になる前にエネルギー源を太陽エネルギーに切り替えるよう人類のライフスタイルを変えるべきであるということである。石油やウラニウムなどの貴重な資源は将来世代のために残しておかなければならない。今世紀中に準備をし、２０２１年までにはすっかりライフスタイルが変えられるようにするとよい。

家庭用など小規模のエネルギー源としては太陽電池が適当であり、給湯暖房などには小規模ソーラーポンドが有用である。空調にはヒートポンプとソーラーポンドとのコンビネーションがよい。

中規模エネルギー源としては、水力・風力・地熱等を利用した発電と、大規模ソーラーポンドによる給湯と発電が適当である。

大規模エネルギー源としては、北極海と海洋大循環とに起源を持つ深海と表層の温度差が海洋発電に利用可能である。低温度差発電や深層水の循環排水などいろいろなテクノロジーの開発が必要であるが、原理的には無公害で量的にも問題ない。
人類はもともと他の生物ともども太陽エネルギーで生きるようにできているのであるから、そうした本来の姿を取り戻すため人知の限りを尽すのが将来世代のためになすべき現在世代の務めである。

（『宇宙』第76—77号、山岡記念文化財団、一九九六年）

参考文献

1 大野陽朗『総合エネルギー論入門』（北海道大学図書刊行会）、一九九三年。
2 原田憲一 将来世代エネルギーシンポジウム京都フォーラム、一九九五年。
3 矢吹萬壽『新教壇』（日本宗教研究会）第五九号、三九頁、一九九一年。
4 佐藤順 将来世代エネルギーシンポジウム京都フォーラム、一九九五年。
5 関信弘・石原修 将来世代エネルギーシンポジウム京都フォーラム、一九九五年。
6 金山公夫・李泰圭・宋愛国・B. Anwar 他 将来世代エネルギーシンポジウム京都フォーラム、一九九五年。
7 多賀政夫 将来世代エネルギーシンポジウム京都フォーラム、一九九五年。
8 根井弘道 将来世代エネルギーシンポジウム京都フォーラム、一九九五年。
9 海野和三郎「海洋大循環と北極海、地球」一九九五年四月、二六九頁。
10 海野和三郎・多賀政夫 Physics of a Porus Solar Pond, Jpn. J. Appl. PHys. Vol.32, 1329（1993）。
11 岡村廸夫 将来世代エネルギーシンポジウム京都フォーラム、一九九五年。

エコエティカの太陽エネルギー工学

エコエティカ（生圏倫理）は新しい時代の生活圏の倫理を今道友信氏が提唱した世界に通ずる思想であるが、これを世界の中に実現するのはエネルギー問題一つをとっても容易ではない。

「エネルギー問題の解決は、石油に代わる新しいエネルギーを造る他ない。原子力・地熱などあるが、ことごとく反対論がある。今日本を救う唯一の方法は、住民の感情的な反対の中で、論理的な正しい結論を住民感情にどう溶け込ませるかということ、ヒューマンウェアの開発に成功するかどうかにかかっている」という堺屋太一さんの所論を何かで読んだことがあるが、短期的には、論理的な正しい結論と住民感情の問題が最重要課題であろう。

文明の持続的発展と世界平和のための公共哲学が世界的に提唱され、我国でも近年この方面で活躍する少壮公共哲学者の台頭が目覚しい。公共哲学の推進に力を注いできた京都フォーラムもこのほど15周年を迎え、専門外の私の狭い交友の中にも小林正弥さん（千葉大）などの活躍がみられるようになった。

論理的な正しい結論といっても、政治的・経済的・宗教的立場の違いによって正しさの基準に違いがあり、最大公約数的な哲学を最大にする努力が目下の急務となっており、これが公共哲学の意味と考えられる。しかし、100年1000年以上の長期に亙ると、現在認知されているという意味では最少公倍数には入っているが最大公約数には入っていない要素の中に、将来最大公約数に必然的に入ることが予想される条件が多々ある。

その一つが、堺屋のいう「石油より安い安全なエネルギーを造る」ことである。つまり、エコエティカに適い、かつ石油火力より安い電力をいかにして安全に得るかが問題である。

そもそも、有力なエネルギー源で危険でないものは存在しない。その意味では、人知の発展のために、核融合炉（ＩＴＥＲ）の研究は大いに推進されるべきであるが、経済性と安全性の両立する規模の大きさはないと思われるので、将来のエネルギー源として期待するのは危険である。高速増殖炉を含む核分裂炉の原子力には経済性と安全性が辛うじて両立する規模があり、将来世代に残すべきウランなど有限な資源の枯渇というエコエティカにそぐわないマイナス面はまぬかれないが、大陽エネルギー文明に移行するまでのつなぎとしての役割は大きい。

太陽はこれら安全性に問題のあるエネルギー源に対し、地球の33万３０００倍もの質量で囲われた核融合炉で半径約70万㎞、表面は約６０００K、かつ光速で約５００秒かかる距離にある。したがって、太陽に正対する地表に置かれた面が持ち得る最高温度は約90℃、地表全体を平均すると約６℃で、いずれにしても水が液体である条件を満たしている。太陽とても完全に安全なエネルギー源とはいえないが、大量の水を抱えた海洋や陸上にあっては森林などの地球環境保全の力とそれに加えて生物の環境に対する適応能力によって、太陽エネルギーは最も安全かつ恒久的なエネルギー源となっている。

水の惑星・地球の環境を護り、かつ人類文明を支える水力・風力などの自然エネルギー、更に農業・林業による食糧・建築材として利用するバイオマスなどは殆どすべて太陽エネルギー起源であるが、これら太陽と水と生物のつくる地球環境の原理に更に人知を加えて、石油火力よりも安い電力を得るのがエコエティカの太陽エネルギー工学であろう。

現在でも、この方向に一歩を踏み出しているものに太陽熱温水器と太陽光発電パネルがある。両者ともエネルギーの需要と供給の場が近接している利点で石油火力を凌ぐものがあり、ある程度の普及がある。太陽熱温水器は、水の持つ可視光に透明で遠赤外光に不透明でかつ比熱の大きい性質を利用した集蓄熱装置であり、海が持つような対流防止による永年蓄熱性はないが家庭の給湯暖房には電力よりも安価である。

1日以上蓄熱できるように対流防止をしてロスを減らし、10倍程度の集光をして1時間程度で沸騰水をつくる装置に改良して蒸気タービンで発電すれば、石油火力に勝てる可能性は充分にある。また一方、太陽光発電は、6000K弱の高温から発する質の良い太陽光を用いて、熱機関としてでなく光子の量子効果を用いるが、電力への変換効率がシリコン太陽電池では理論値が24%弱、最近は20%に達する製品があるというが、天候条件や入射角度のことがあり実質的には10%がよいところであろう。

葉緑素が光合成でバイオマスをつくる太陽光からの変換効率がやはり10%程度というから、太陽光発電パネルと木の葉は原理的に親戚のようなものらしい。太陽光発電は僻地など送電線の届かないところで簡便に行えるが、工業製品であるために製造にエネルギーを要し経済性において石油火力を駆逐するだけの力はない。集光装置と結合してパネル面積あたりの発電効率をあげればよさそうだが、集光による温度上昇により1℃あたり発電効率が0・5%程度下がるので、集光の意味がなくなる恐れがある。

単独で用いず、冷水で冷却し、大部分の電力にならなかったエネルギーを太陽熱沸騰水装置の予備加熱に用いればよい。こうしたハイブリッド発電方式により、各家庭規模で石油火力の電力をしのぐ経済性でエネルギーの自給自足をする装置を設計することが現在の急務である。

以前、サンシャイン計画というのがあって、太陽光を受光装置のパラボラに送る時計仕掛けの鏡（シデロスクット）を塔の上に置き、パラボラ鏡の焦点で高温をつくる装置を稼動していた。高温が簡単に得られるので、超高温を得る目的にはよく、また発電効率もよいが、可動部分のある大がかりな精密光学機械であるから太陽エネルギー装置としては経済性において失格である。

同様に、大気圏外での太陽光発電も研究されているが、経済性で成り立たない上にマイクロ波送電に伴う危険性でも失格であろう。エコエティカの太陽エネルギー装置には非結像の固定全天集光系を用いて少し乱暴に集光するのがよいと考えられる。固定全天集光装置は細部に未完成の部分もあるが、大筋は確立した光学系である。曇り空でも雲からの散乱光を取り込むことができる利点もある。

太陽熱で沸騰水をつくる水槽の保温を格段に良くするには、対流を防止する必要がある。塩分の濃度を下ほど大きくした塩度勾配ソーラーポンドが基本的であるが、塩害や持久性に難点があり、細隙式ソーラーポンド方式が推奨される。水の粘性が小さいので浮力に抗して粘性力で対流を止めるには3㎜程度に水槽を区切る必要があるが、粘性を増すポリマーを加えて細隙幅を格段に広くすることもできる。その場合は水槽の中で熱交換して沸騰水をつくる必要がある。

驚くべきことに、海洋は温度と塩度の小規模な2重拡散対流の積年の結果として塩度勾配ソーラーポンドの性質を具えており、水深１００ｍ程度で吸収された太陽エネルギーは熱伝導で外へ出るには何千年もかかる。熱は海流で運ばれ世界中の海を平均化し地球環境を守る働きをしている。北極海も同じ効果で、海底温度は３℃程度となり、これが海洋大循環で世界中の深海の温度となっている。この深海温度と表層温度との温度差が持つエネルギーは膨大で、海洋大循環が運ぶエネルギーは世界中のエネルギー需要の１０００倍にも及ぶと推算されるが、これを利用する海洋発電の技術はまだ経済性において未開発である。

将来は、火山島の水面下１０００メートルの高圧下で、マグマの高温と結合した地熱海洋発電の技術が開発され、世界のエネルギーの主力になるかもしれない。太陽エネルギーや地熱のような自然のエネルギーは、いずれは自然に放散するエネルギーであるから、度を越した利用をしないかぎり本質的に無公害で持続可能なエネルギーであり、その点でエコエティカに適合するものと考えられる。

エコエティカの太陽エネルギー工学を推進しよう。

（『宇宙』第１１４号「『宇宙』を憶う」第11回、山岡記念文化財団、２００５年）

「未来ものがたり」を書こう

「祇園精舎の鐘の声、諸行無常の響きあり、沙羅双樹の花の色、盛者必衰の理をあらわす」『平家物語』は作者不詳だという。権力者（頼朝？）から身を守るため、名を隠し琵琶法師に語らせたためであるらしいのです。

今は琵琶法師を見かけることはありませんが、その代わりインターネットがあります。今の権力者はブッシュさんかプーチンさんか知りませんが、そんなものはほっといて、それより皆で「未来ものがたり」を書いて、未来の人への希望を発信してはどうでしょう。

「未来ものがたり」と言っても、心の問題、文化の問題、文明の問題、科学の問題、技術の問題など「語る」内容は多様で、それらに関する運動、団体、ホームページ等も既に数多く存在します。ただ、そうした運動も分野ごとに唯我独尊的であり、全体的に見通しがよくて個別的にも生き生きとした形で統一がとれているとは言えません。それを琵琶法師ならぬインターネットで「ものがたり」として生き生きと語ってもらうにはどうしたらいいでしょうか。

手始めに、1度は「未来物語公園シンポジウム」を開いて「方針」と具体的「方法」を討論することが必要と思われます。また、討論のきっかけになる話題は何が適当でしょうか。

次のような時事問題はどうでしょう。省エネ・集エネ・創エネ、温暖化ガス削減！「14日、温室効果ガス削減の国際取り決めである京都議定書について、大幅な規定変更を視野に国際交渉戦略を練り直す方針を固めた」と、2月15日付産経新聞第1面トップ記事にありました。この「温室効果ガス」という言い方は、大変不正確であり、そのこともあって、この不正確さを故意に利用して「不都合な真実」に目をつぶろうとする者もいるのです。「温室効果ガス」と「温暖化ガス」との区別が曖昧だと、「二酸化炭素排出削減」は、１００年先のエネルギー問題の小さな一環でしかないことになり、省エネ模範国の日本が何故「京都議定書」の厳しい二酸化炭素排出規制を守らなければならないか、という不満が「京都議定書」の本来の意味をも失わせることになります。

地球に入射する太陽放射よりも、地球から宇宙空間に射出する放射の方が、余計にエネルギーを放出するような波長域（遠赤外域）に吸収線を持つ分子を温室効果ガスと言い、逆に、入射太陽光の方が、射出地球放射よりも強い紫外線可視光近赤外域に吸収線を持つ大気分子（オゾンなど）もあります。

「温室効果ガス」が何故不正確かというと、上の文章の場合「地球温暖化ガス」（厳密には「地球温暖化促進ガス」）の意味に使われているからです。温暖化ガスの方は大気中の分子数が増えると比例とまではいかなくても吸収量が増大する二酸化炭素（CO_2）のような場合であり、それに反し、水蒸気のような分子は、吸収線の波長幅内では放射を吸収し尽くしているので、分子数が増えても吸収量は殆ど変わらないから、「温室効果ガス」であっても「温暖化促進ガス」ではないのです。

マイケル・クライトンという作家は、温室効果ガスと温暖化ガスを、故意に（？）、混同して、窒素ガスに比べて二酸化炭素はごく微量で問題にならない、という話を作って、ブッシュ大統領に気に入られたという話です。

しかし、真実は、二酸化炭素が現在の最強の温暖化促進ガスであり、もっと恐ろしいのは、ツンドラの地下や海の底に眠っている大量のメタンハイドレートが気化して、最強の温暖化促進ガスになる場合で、もしそうなれば人力の及ばない破局となることが予想されます。一方、省エネ模範国の日本の二酸化炭素排出規制が「京都議定書」では過重負担になっているという議論があります。この議論は、対米、対中国との外交交渉に使うのはよいでしょうが、「京都議定書」の重要性は全地球・全人類の未来に関するもので、日本経済への過重負担の話とは別の次元のものです。クライトンの「二酸化炭素無意味論」のような誤謬によって両者を同じ土俵に上げるようなことをしてはいけないのです。

横道にそれましたが、省エネルギー・集エネルギー・創エネルギーを統合する省集創エネ学とそれを研究し実現する場が欲しいものです。また、それと共に、省集創エネ哲学、倫理学、教育学を発展させる研究機関が欲しいと思います。そうしたこととの相談会を開けないものでしょうか。また、手始めに、そうした学問の名前も公募してはどうでしょう。そうしたことのアイデアを友人間でメールして運動を広げるのはどうでしょう。その意味では、「未来ものがたり」運動は、自己言及的に混沌の創造性に期待する運動ではないでしょうか。東京自由大学で、ソクラテスを語り合うサロンが開かれます。そのサロンにソクラテスが現れて「未来ものがたり」をしてくれることを期待します。そのソクラテスはあなたなのです。

（『宇宙』第１２２号「『宇宙』を憶う」第19回、山岡記念文化財団、２００７年）

二〇一一年世界地図

成長の限界という議論がある。穏やかな表現であるが、現実は遥かに厳しい。世界人口40億の時代はとうに過ぎ、20年後には100億になるかもしれない。現在1人平均約1kW程度という衣食住のエネルギー消費もおそらく倍増し、エネルギーの需要供給のバランスが崩壊するいわゆる石油ピークも過ぎて、世界経済は新しいエネルギーを求めて混乱し、大恐慌に陥る恐れがある。資源小国の日本はその先頭に立って、エネルギー危機を乗り切らねばならない。2011年は、その決意の年である。

最近、政治、経済、社会、文化、教育に関連した大きなニュースとなったものとして、普天間米軍基地の移転問題、尖閣諸島域国土保全、北方領土、小沢氏政治資金、雇用問題、自殺者3万人、自暴自棄的殺人、TPP加入問題、中国レアアース輸出制限、いずれもそれぞれ固有の問題点を持ち、充分納得される解決策がないまま次々と目先を変えて、ホットなニュースに移動していく。

最近、アメリカはドルを大量に発行して落込んだ景気の回復を図っている。金融派生商品（デリバティブ）が幾分でも利用可能なエネルギーに対応している間は、ドルがそのエネルギーを取り出す役をする。

しかし、この手品があと20年続けられるとは思えない。これら全てに共通する根源的問題であり、その見通しが立たなければそれらの問題の本質的解決は得られないと思われるのが、21世紀問題即ち「エネルギー・地球環境・人口（食料）」問題である。その具体的解決策を示さない限り、政治、経済、社会、文化、教育の混迷は避けられない。しかし、今の政治やジャーナリズムにはそのマイナスを転じてプラスにする具体策が全く欠如している。

身近な一例を、国際自由貿易協定（ＴＰＰ）加入問題にとれば、それへの加入が日本として有利である場合には、加入がマイナスな要因をプラスに変更すればよい。日本は食糧自給率が低く、これ以上自由貿易で安い食料輸入が行われれば、農家は立ち行かないというマイナス要因がある。

一方、地球温暖化問題への対策の一つとして、CO_2排出権の取引というのがある。水稲、竹、蕎麦、大麻などは、そよ風でも葉が揺らいで葉緑素にCO_2を運ぶ光合成効率が高い（矢吹効果）ので、他の植物に比べて10倍も成長が早い。つまり、これらの植物は、自前のCO_2排出権植物として国際的に登録すれば、農家に地球環境保全奨励金を支給することが可能である。

普天間基地の名護市海上移転案については、以前書いたことがあり、省略するが、マイナス要因をプラスに転化する実行案を作ってほしい。具体案を考える能力と先見性の欠如した政治家・ジャーナリストにこの国の政局を任せてはおけない。彼らにも理解できるように、よい具体案を作る必要がある。

ところで、エネルギー・地球環境・人口（食料）問題の人類3大問題のうち戦争による人口減少策はこれまでにも行われた形跡もあるが、これは最悪である。化石燃料に頼らない産業といっても、化石燃料からのエネルギーが安価である間は、無理がある。結局、21世紀最大の課題は、エネルギー問題である。

現時点で、化石燃料に代わるエネルギー源として、水力・風力などの自然エネルギーは大いに活用すべきだが、特定の地域以外では絶対量が不足で、当分の間、原子力発電に頼らざるを得ないであろう。

しかし、原子力も有限の資源であり、未来に残すべきものである。やはり、太陽エネルギーが全ての点において本命である。現在、最も普及している太陽エネルギー装置として、太陽電池と太陽熱温水器があるが、共に、化石燃料に代わるべきエネルギー装置としては、三つの点において不十分で改善が必要である。

第1は、装置が屋根の上などに固定されているため、朝・夕は、太陽光の受け方が不十分であること。

第2に、受けた太陽エネルギーの一部しか利用できないこと。

第3に、集光によるエネルギー利用効率増大を利用していないこと。

以上3点を改良すれば、現有の技術で充分石油火力に対抗できる。太陽電池は、補助金をつけて奨励すれば、南面の屋根の上に設置して10年程度で電力会社に売電して家庭用1～2kW発電が経済的に成り立つという。つまり、あと10倍以上効率よく太陽光発電すれば、石油火力に頼らずに生活できることになる。その秘伝は、三つあり、

一つは森、

一つは海にその秘伝があり、

第3は非結像集光であり、

3者を結合すれば装置の設置費用を含めて、化石燃料に頼らない文明が可能となる。

森は熱で葉が枯れるのを防ぐと同時に水蒸気を大気中に送り、大気の対流を盛んにして、風を起こし、CO_2を葉緑素に乱流拡散で供給して光合成を20倍も盛んにする（矢吹効果）。

海は、塩の指と呼ばれる二重拡散不安定性の結果、深いところほど塩度が高く比重が高いので、夜や冬季、外部が低温となっても対流が起こらず、海面下100mで吸収された太陽熱が外へ熱伝導で運ばれるのに3000年もかかる。対流防止で保温する仕掛けをソーラーポンドというが、海は天然のソーラーポンドで、北極海海底を源流とする海洋大循環が3℃の塩水で1000m以深の海をくまなく一巡する約1500年の間、温度は殆ど一定している。家庭規模での熱水保温には、水の粘性を利用した粘性ソーラーポンドが適当である。水は粘性が小さいので対流が起こりやすいが、それでも、縦でも横でも3㎜以下の隙間では対流は起きない。2㎜以下の隙間のス

ポンジなりストローなりで、深さ30㎝ほどの粘性ソーラーポンドを満たせば、2、3日間の熱水の保温は可能である。

つまり、日のあたる数時間で集光によって沸騰水を作れば、そのままでも翌日まで殆ど温度は下がらない。したがって、簡便な集光装置で太陽光を10倍以上数十倍集光してエネルギーの利用効率を上げるのが、太陽エネルギー工学の主要課題である。

1 kW/m^2の太陽光を太陽電池と蒸気タービンで30%の効率で家庭用に1・5kWの発電をするとすれば、5㎡ほどの面積の平面鏡を張り合わせた折り紙細工で、中央の平面鏡のつくる光束に、ある距離で他の平面鏡からの光束が重なるようにすると、簡単に7倍集光鏡、17倍集光鏡を作ることができる。

これを2面組み合わせてシーロスタット式にして、第1鏡を1日に半回転で極軸の周りに回転させれば、あとは固定装置で太陽光を固定したソーラーポットに数十倍の集光ができる。

集光すれば、熱機関は温度上昇に比例して効率を上げ、太陽電池は面積が小さくてすむ。経済性は集光度にほぼ比例し、太陽エネルギーの利用効率がそれだけ高まる。僅かな改善で、太陽エネルギーが化石燃料のエネルギーよりも格段に経済的で、利用価値が大となる。20年後の人類生存の危機はこれで逃れられる。２０１１年はその出発の年である。これを21世紀世界地図の序説とする。

（『宇宙』第１３７号「『宇宙』を憶う」第34回、山岡記念文化財団、２０１１年）

家庭で 1kW 発電

太陽を追いかけて、
できる限りエネルギーを逃さずに
今までにない高い効率で集光する。

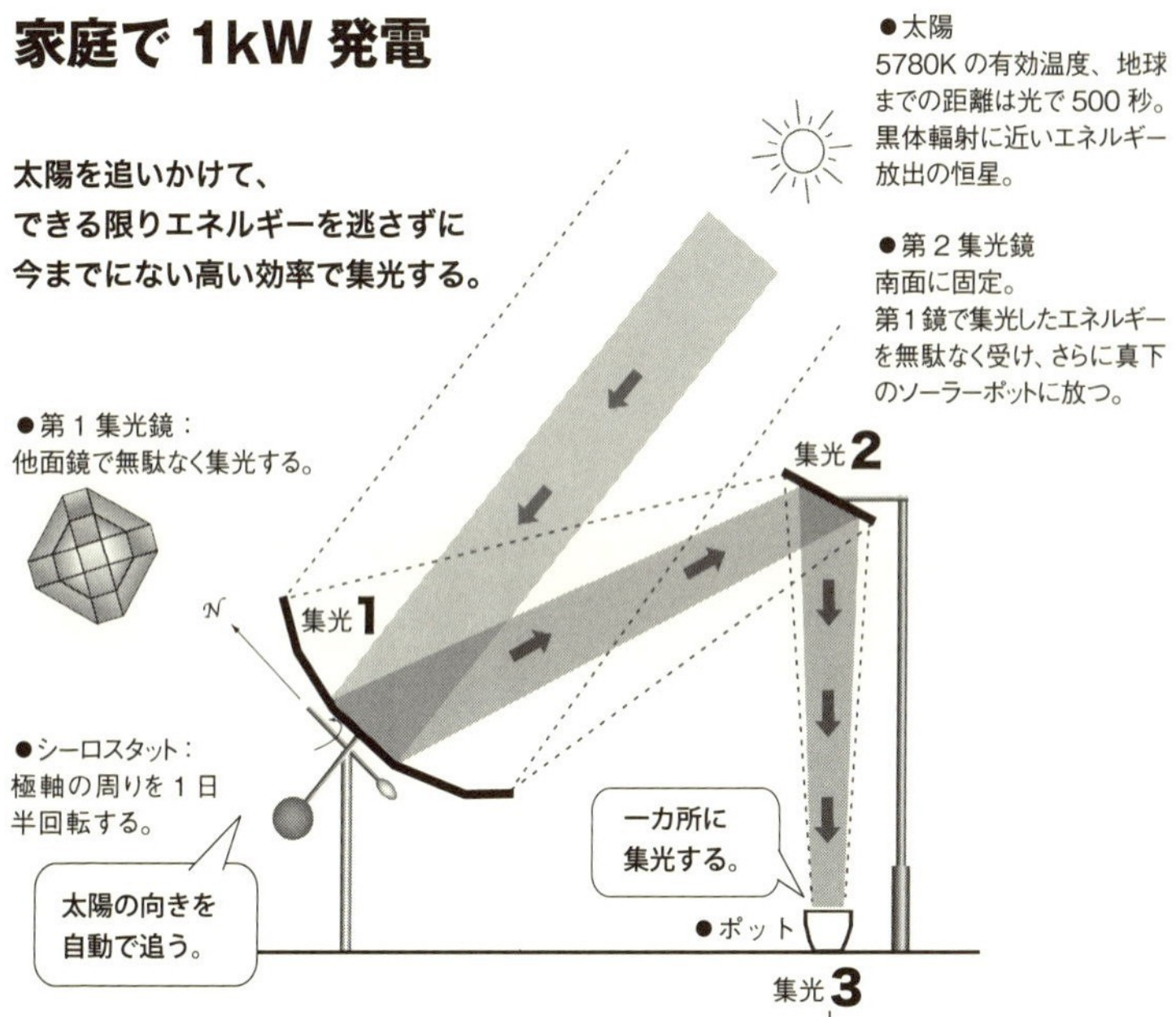
●太陽
5780K の有効温度、地球までの距離は光で 500 秒。黒体輻射に近いエネルギー放出の恒星。
●第 2 集光鏡
南面に固定。
第 1 鏡で集光したエネルギーを無駄なく受け、さらに真下のソーラーポットに放つ。
●第 1 集光鏡：
他面鏡で無駄なく集光する。
集光 2
集光 1
N
●シーロスタット：
極軸の周りを 1 日半回転する。
一カ所に集光する。
太陽の向きを自動で追う。
●ポット
集光 3
発電する。
蓄電する。

集めた太陽エネルギーを使って
最大効率で発電する。

bathroom
kitchen
自然からダイレクトにもらうエネルギー。
しかもローコスト。

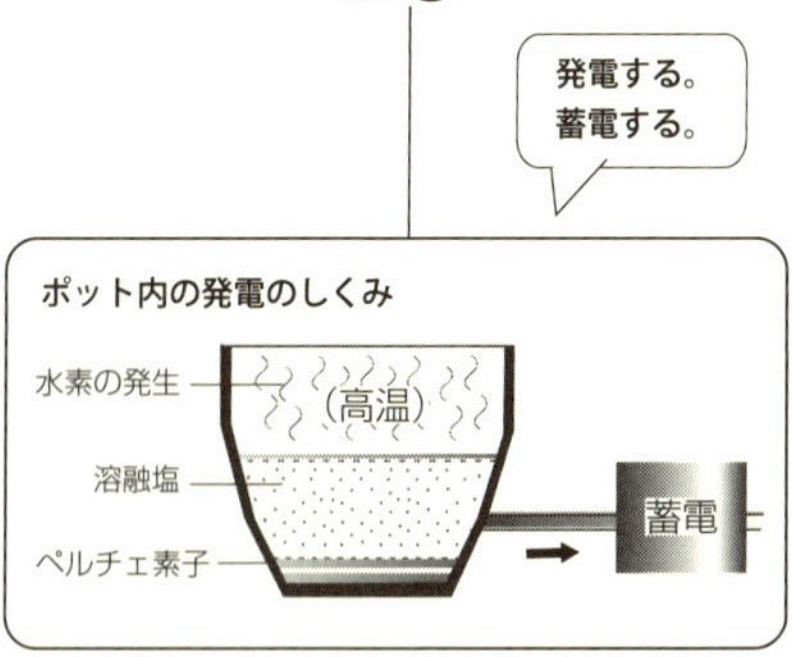
ポット内の発電のしくみ
水素の発生
(高温)
溶融塩
ペルチェ素子
蓄電

●ソーラーポット発電
溶融塩の下にペルチェ素子を置いて太陽熱発電をする。

●シンラタービン発電
溶融塩の余熱で夜も発電し蓄電する。

©Concept; Wasaburo Unno, Infographic; T.Sinzi / 2012.11.30

平成25年、新時代への決断の年

宇宙、自然も変化しているが、人類の進化も新しい時代に入りつつある。宇宙も人間社会も超多次元の複雑系なので、言葉で表現するのは不可能であるが、四捨五入して、1桁の数を1と10で表す程度の荒さで論ずると、21世紀は何十万年かに1度の人類進化の季節といってよいであろう。「適者生存」は、進化の結果であって、進化の定義ではない。進化とは、生きるためのエネルギー獲得方法の進歩である。

地球が万年億年かけて貯めた化石燃料を100年で使う現代文明は、疑似進化であって、本物ではない。その証拠が、エネルギー問題、地球環境問題、世界戦争であるといえる。それら人類の3重苦が顕在化して、もはや人類としての進化なしには絶滅の危機にあるのが21世紀現代であるといってよいであろう。東日本大震災の天災人災も、天が与えた警告といえるであろう。単純に脱原発を唱えてすむ問題ではない。

まず、実用となるには、エネルギーの価格が化石燃料と同等かそれ以下でなくてはならない。量的にも無尽蔵でなくてはならない。

火山島地下1000ｍのマグマの高温と海面下1000ｍの3℃海水との温度差と海面下1000ｍでの高圧による沸点上昇とを利用する地熱海洋発電も考えられるが、20年後に迫る経済大恐慌には間に合わない。1000年に1度の巨大地震は当分起こらないとしても、100年に1回の大地震に耐えられるようにするには、原発の新設にはこれまで以上の経費がかかることになって、放射能障害の問題は別としても利用価値が下がるであろう。

また、超新星爆発ブラックホール形成時の超高温核融合で作られたであろうウラン235等は当時の超高温のエネルギーを保持しているから、現在のように何桁も温度（効率）を下げて発電に使うのでなく、100年、1000年後にもっと上手に使う技術を人類が獲得するまで温存しておく方がよい。

ただし、既に開発してしまった原発は、安全性を確保した上で、利用すべきである。

やはり、太陽エネルギーの有効利用が最も安全でかつ簡便である。何十万年か前農業を発明して現代人に進化したように、21世紀、新人類への進化も太陽エネルギーの特性を利用する手段であるべきであろう。

エネルギー問題は、人類生存にとって最重要課題であるが、太陽の恩恵に慣れた人間は意外と現在の危機に極めて鈍感である。

まず、エネルギーは保存則があり、形は変わっても総量は不変で、勝手に作るわけにいかない。光速で走る光のエネルギーの場合、その流量は、ステファンの法則によって、σT^4と記述される。σはステファン・ボルツマン定数で、理科年表に出ているが覚えていない。Tはそのエネルギーを黒体輻射で放出する黒体の絶対温度である。

太陽エネルギーは中心部の核融合によるが、数十億年持続する。大質量に覆われ、表面温度5800℃Kほどの黒体輻射を放出、光で約500秒の地球には大気圏外で太陽定数約1・25kW/m^2、地上では太陽光に垂直な面で約1kW/m^2、ステファンの法則σT^4で絶対温度Tにすると約365℃K、約90℃となる。太陽熱温水器の水温がそこまで上がらないのは斜め入射と保温が不完全なためである。

逆に、平面鏡を張り合せ、ある距離（焦点距離）で中央鏡の反射太陽光に周辺鏡の反射光が重なる設計で、例えば、16倍集光すれば、ステファンの法則から2倍の絶対温度が得られる勘定になる。太陽の追尾には、極軸の周りに1日半回転するシーロスタットにその集光鏡を乗せれば、乾電池1個で直径1~2mの16倍集光鏡の1日駆動ができよう。

太陽高度よりやや低い南天に、焦点距離の半ば程度の位置に、第1（集光）鏡の半分強の口径の平面鏡を置いて、太陽光をその真下に置いたソーラーポットの底に16倍集光すればポットの底が黒体であれば約730K、450℃程度になるであろう。シーロスタットの斜め入射（朝、夕等）鏡の反射率ポット底面の黒体からのずれ、等々あろうが、200℃程度の温度は容易に得られるであろう。

ポットの底に、表裏の温度差を利用して発電する熱電素子（ペルチェ素子?）、あるいは、沸騰水をつくりタービン発電（シンラタービン?）し、あるいは両者を結合して発電効率を上げれば、石油火力や原発より格段に安価に電力を供給できるであろう。

この方式の短所は、夜間の問題と天候に左右されることであるが、太陽周辺光の補助鏡での採り込み、熱水の保存などで、ある程度欠点をカバーすることも可能であろう。

逆に、この方式の長所は、大がかりな装置を必要とせず、家庭規模で何処ででも発電可能なこと、エネルギーを無駄にせず熱水として利用可能なことであろう。

また、装置はおそらく町工場で簡単につくることが可能であり、まず、日本の町工場で、200W程度の簡便な装置を10万円程度で造ることを目標にしてはどうであろうか。その際、第1鏡は直径1m強の14面鏡が適当であろう。最近は、安価で軽く丈夫なプラスチックの鏡もあるらしい。

詳しい設計については、目下、NPO東京自由大学のコロキウムで、大木健一郎さんを中心に改良を研究中ですので、関心のある方はコロキウムに参加（無料）して仲間になって下さい。

一月あまり前になるだろうか、新聞で、曾野綾子さんの面白い評論を読んだことがある。何でも、電気のない社会はほとんど例外なく部族長支配になるということであった。そう言えば、封建時代の日本は殿様の支配であり、今でも、電力が家庭レベルまであまり普及していない発展途上国は部族長支配で、二つの部族が内戦で多くの犠牲者を出したアフリカの国でも電力普及率は10％程度であると聞いた。

思うに、電力が普及していないと、家庭規模での労働力は限られ、道路整備や灌漑など公共事業には部族長の指導が不可欠なことが原因であろう。近隣諸国の中にも、地域によっては電力の普及が遅れている所も少なくないかもしれない。家庭規模での安い太陽エネルギー電力が普及すれば、民主主義国家への移行も容易になるであろうか。もしかしたら、それが21世紀人類進化のきっかけになるかもしれない。

エネルギーは、姿形は変わっても総量は不変で、古来、そのエネルギーの取り合いが原因で、戦争が起こった。戦争も、文明の交流発展に貢献するなどプラス面もないではないが、その破壊的マイナス面に人類は苦しんできた。

そして、今、化石燃料の枯渇が目前に迫り、かつて、農業林業牧畜など太陽エネルギーの新しい利用法を発明して現代人に進化したように、21世紀人類は太陽エネルギーの新しい有効利用を普及することにより、新人類への進化を遂げるべき絶好のチャンスにあると考えられる。

太陽エネルギーは、他のエネルギーと違って、量的に無尽蔵と言える上に、太陽の大質量に包まれて最も安全なエネルギーである。黒点の多い太陽磁場の活動期には太陽宇宙線など高エネルギー粒子も出し、地球の気温にも0・5℃程度の影響を持つが、地球上の動植物はそんな変動には慣れている。


これまで、地球が万年億年かけて貯めた化石燃料を100年で使う疑似進化のマイナスをこの際プラスに転化して、集光太陽エネルギーで発電効率を高めるのが21世紀進化のひとつの方法ではなかろうか。考えてみれば、森が水を吸い上げて、その熱容量の増大で対流を盛んにし、風を起こし、CO_2を葉の裏に乱対流させて葉緑素へ運んで光合成を20倍効率よくした矢吹効果と太陽光集光発電とは似ていなくもない。最近新聞で、矢吹萬壽先生の訃報を知った。

惜しい人を失った。謹んで、哀悼の意を表したい。

21世紀人類進化！ それが、50年後の世界戦争を無くし、未来世代が地球自然と共栄することを願って止まない。


（『宇宙』第145号「『宇宙』を憶う」第42回、山岡記念文化財団、2013年）

米寿の宇宙哲学随想

シベリアに大隕石の落下があった。これは約100年ぶりの天災であろうか。恐竜絶滅の引き金となったというアリゾナ隕石落下は約5万年前であったという。同程度ないしそれ以上の小惑星との衝突が千年万年後に予測される場合には、「はやぶさ」の技術を使ってその小惑星に着陸し、原子力を用いてその軌道を一寸変えるとよいであろう。それが地球という天与の環境に生を受けた人類の義務である。

東日本大震災では、約2万人の人命が津波によって失われた。この大きなマイナスをプラスに転ずるのが人類の務めであるとすると、地震が何故起きるかその原因を考え、それによって対策を考え、将来世代にその知識を継承していく必要がある。

プレートテクトニクスで、活断層ができ、その沈み込みによって地震が起きる、などというのは経験論結果論であって、原因論本質論ではない。

地震の原因は、地球自転と地熱伝搬の粘性流体力学にあると考える。

地震は億年前にもあったであろうが、我々の知っている100年1000年毎に起こる大地震の原因は、粘性流体の対流による対流熱伝導が地球自転と結合して生ずる渦巻き対流（竜巻）が運ぶ回転の角運動量が原因であると考えられる。地熱が伝わるいわゆるマグマ層や海や大気に現象が現れる。

陸上ではそれが竜巻を、海上では台風の卵：帯性低気圧となり、地中ではマグマの渦巻きを起こし、それら渦の中心部の上昇流が上下の温度勾配を減少させる：対流熱伝導による地熱伝搬形態である。

熱帯性低気圧の場合、中心部の高温上昇気流に周辺の海面上の大気が流入してくるが、赤道に近い（自転速度の速い）大気と赤道から離れた大気との間で回転運動が起こり、遠心力で中心部が希薄となり、上昇気流速度は増して、渦巻きは赤道を離れる方向に動いて勢力を強め、台風となる。

日本列島に近づくと台風軸のバランスが悪くなり台風は消滅するが、その回転角運動量は半ば地面に残り、何千万年の蓄積が日本列島を富士山中心に折り曲げる役割をした。そのストレスの解消が100年に1度の地震となって現れると考える。

関東大震災がそれだとすると、あと20〜30年の内にまた東京中心に大地震がくる可能性がある。同様に、マグマ層の台風による角運動量の輸送が1000年に1度の東日本大地震の原因と考えると、当面は余震への対策が重要で、超大型地震への対策としては、被害の本質の具体的な記録を残し、将来世代へ充分な対策を依頼することであろう。

マグマは水や大気と異なり電気伝導度をある程度持つから、台風の痕跡も磁場の模様となって残る可能性がある。多分、ハワイや天皇海山も何千年か前のマグマ台風の痕跡であろうか。地質時代の地球史も研究すべきである。

東日本大地震の前に、チリやニュージーランドで大地震があった。1000年に1度規模の大地震が南半球で起こったなら、対称性からして、北半球の東日本で大地震が起こる警報を出すべきであったと悔やまれる。人間の歴史は地球史40億年に比べて高々1000万年、天災への対応は失敗を糧に学ぶべきであろう。

「三から万物」は老子の卓見であるが、南部・小林・益川の宇宙理論やフェルマー最終定理が証明したように、全ての複雑系の起源を述べた宇宙哲学である。ここでは、「時間」と「エネルギー」と「いのち」を宇宙哲学の「3」としよう。「時間」と「いのち」については、皆よく知っているし、取り立てて言うほど私は知らないので、ここでは「エネルギー」について考える。

ヒト1人は平均約1kWのエネルギーを消費して生きているという。1kWの電熱器を夜昼となくつけっぱなしにしているのがヒト1人の生きている姿である、というわけである。世界人口70億人では、70億kWのエネルギーを四六時中消費しているわけで、おそらく、衣食住のエネルギーを中心に、文明のエネルギーとでもいうべきもので、エネルギーの貯蓄もあるが、捨てているものも多い。評価の精度はファクター3程度であろうか。

しかし、エネルギーは不変量で、力学的エネルギー、光、熱、電力などがあり、形は変えられるが、総量は不変で、人が勝手に作り出すことはできない点がエネルギー問題のかけがえのない重要性を持つ所以である。人が消費しているエネルギーとしては天与の地球環境などは別として、衣食住と一切の文明に消費するエネルギーと言ったらよいであろうか。そのエネルギー源が問題である。

現代社会においてエネルギーの共通通貨の役割をしているのが、電力である。逆に、電力価格の上下はエネルギー源もしくはエネルギー利用法の変動に由来する。戦争の原因は、衣食住のエネルギー不足にあり、エネルギーの取り合いが主因であるから、北朝鮮の核開発は、原爆製造に使わず良質安価な原発製造に利用して、世界に売り出すとよい。同時に、極小規模太陽熱発電装置を町工場で作り自国でのエネルギー源とすると共に世界に普及して人類のエネルギー源とするとよい。北朝鮮は、5000年前、日本人の父祖の地の一つでもあり、新技術開発を応援するのにやぶさかではない。エネルギー問題では特にマイナスをプラスに転ずる思考が重要である。

翻って、日本のエネルギー問題は、現状での視点と、近未来の視点と、10年以上100年1000年の視点とで若干異なるが、太陽の異常、地球温暖化、化石燃料の枯渇などを考慮して、エネルギー源の多様化と開発を進めていくことが不可欠である。

最近不動産業者の活動が以前に増して活発なのは、100年の貯蓄のきく「住のエネルギー」を長持ちさせる行為と思えば納得できる。他のエネルギー源開発に比べると簡便だからである。

しかし、21世紀になって、エネルギー資源の不足、地球環境問題、太陽変動や地震などの天災が顕在化して、ギリシャなどの経済破綻、タイの大洪水、日本でも大雨強風など異常気象変動が日常化するなど、人類生存の地球環境が新たなエネルギー環境を求めて変動している。**ホーキングの警告**「人類は自分自身の文明によって100年で絶滅する」は、文明がその発展のために求めるエネルギー資源の枯渇によって、その取り合いで起こる原子力戦争による可能性が大である。これを未然に防ぐのは、マイナスをプラスに転ずる複雑系科学の極意を発揮して、資源小国技術大国の日本が新たなエネルギー源の開発に率先して努める必要がある。

深海底に眠るメタンハイドレートの採掘に世界で最初に成功したというごく最近の朗報もあり、海上の風力発電計画も報道されている。そうした新エネルギー源の開拓は今後益々盛んにする必要がある。原発も重要なエネルギー源であり、改良して欠点を除去して利用すべきである。少なくとも、より強力なエネルギー源が開拓されるまでは、世界戦争防止の重要な役目がある。

これまでも度々論じたが、21世紀文明のエネルギー枯渇への根本的対策は、太陽光発電でなく太陽熱発電が本命である。太陽光を30倍程度集光し、黒体に熱損失なく吸収させてその高温で発電するのが原理である。集光しない自然のままの太陽エネルギー利用は、葉緑素による光合成など自然界の動植物、農業などなどあり、人工的にも太陽光発電、太陽熱温水器などがある。エネルギー利用効率が問題である発電の場合は、効率が温度上昇に比例的である熱機関の場合に対応するので、太陽熱発電を太陽光発電と比べると、集光装置を必要とするマイナスはあるが、発電パネルが小型になる利点があり、発電効率が圧倒的によくなる。

注意すべき点は、太陽光を吸収して熱にする溶融塩は高温に耐える陶器の底に光学的深さが1程度の半透明（ただし底面は黒色）とし、太陽エネルギーが瞬間的に黒体輻射として溶融塩を高温にする必要がある。集光装置については前にも述べたことがあるので省略するが、シーロスタット駆動の第1鏡を16倍集光鏡とし、第2鏡も3倍程度の集光する設計にすると、600℃程度の溶融塩が瞬時に得られると考えられる。（うまくいかなければ原因解明して改良せよ！）

溶融塩層の下に置いたペルチェ素子で第1段の発電をし、高温溶融塩を熱源としたシンラタービン発電し、余熱を化学合成の熱源に使えれば、太陽エネルギー文明が開花するであろう。米寿老人の夢である。

老子の「三から万物」は、マイナスをプラスに変える複雑系進化の極意を内蔵している。

最近の例では、アベノミクスのTPP参加に対し、国内農業への悪影響が心配される。しかし、葉が風にそよぐ矢吹効果で10倍生長が速い水稲や竹、荒れ地や藪などで自生する大麻などの有用植物は、地球温暖化防止の環境保全植物として登録し、それらの栽培に補助金を支給すれば、品質の良い国産農作物は輸入農産物に充分対抗できるであろう。

別の例としては、金融経済と市場経済の2元論的経済運営がある。安定した経済状態ならともかく、エネルギー源が問題となる情勢では、未来エネルギー省をつくり、主成分解析などを武器にして、複雑系経済の予測をする必要がある。「三から万物」は創造の哲理である。

（『宇宙』第１４６号「『宇宙』を憶う」第43回、山岡記念文化財団、２０１３年）

太陽熱発電に不可欠な原理的注意事項

衣食住のエネルギーの安定供給が古今東西を問わず、一国の政治の最重要課題である。文明国では、曾野綾子さんが何かに書いていたように、電力がエネルギーの共通通貨の役割をしている。ヒト1人が、各瞬間平均約1kWのエネルギー消費で生きている、と言われているのもそのせいである。21世紀に入り、石油など化石燃料を主なエネルギー源とする文明に先が見えて来た。戦後、原子力発電がエネルギー源問題、地球環境問題への有力な手段として、資源小国経済大国日本の頼るべきエネルギー源となってきたが、東日本大震災によって放射能事故対策の不備が顕わになり、地震国の日本では、その改善に要する費用（エネルギー）が諸外国よりも大きく、日本経済を大きく圧迫する結果となってきた。現状では、何種類ものエネルギー源を組み合わせ、それぞれの特長を活用して日本経済を支えるのがアベノミクスの手法であろう。一方、文明のためにエネルギー源の需要が増大し、石油などの化石燃料は不足し始め、原子力にエネルギー源の比重が移りつつあるのが世界の現状である。地震の多い日本の場合、原発は安全性の確保と廃棄物の処理などにより多くの費用がかかり、諸外国と比べて、原発は必ずしも経済性のよいエネルギー源とは言えない。現存の原発の改善利用はもちろん必要であるが、これまでに利用されたことのない根元的なエネルギー源をこの10年程度で開発し、日本経済を復興させ、同時にそのエネルギー源の方法を世界に普及して、エネルギーの取り合いで起こる世界戦争を防ぐことが必要である。エネルギーは形は変えられるが総量は変わらない不変量である。そんなエネルギー源があるか、と言えば、太陽熱発電が最も身近な方法である。ただし、それには幾つかの注意事項がある。

太陽熱発電の薦め

現存の太陽光発電も悪くはないが、自然のままの太陽光をそのまま使うので発電効率が低く、1kWhの発電価格が化石燃料による火力発電より高い。一方、太陽熱発電は、太陽光のエネルギーを集光して熱エネルギーとして利用する熱機関と考えると、熱機関の仕事効率は、摩擦などによるロスがなければ、（$\Delta T/T_{AV}$）と書ける。太陽熱発電の場合、T_{AV}として環境（絶対）温度３００°Kとし、ΔTは集光した太陽光を黒体に吸収させたときの温度上昇である。集光しない場合は、太陽熱温水器が60℃（３３３°K）の水温になるとして、ΔTとして33°を採用すると、太陽熱発電素子の仕事効率は０・11約10％。太陽光発電パネルはメカニズムが違うが、集光しない場合の太陽熱発電と熱力学的に同等と見なし、約 1kW/m^2 の太陽エネルギーを正対して受けると、晴天の場合、パネル1㎡あたり約100Wの電力が得られることになる。これに反し、太陽熱発電の場合は集光によりΔTを上げられるので、同じ太陽光エネルギーで、太陽光発電の10倍の電力を得ることができるし、パネルの面積も数十分の1ですむ。ただし、それには三つの条件が不可欠である。

太陽熱発電不可欠の3条件

集光した太陽エネルギーを黒い溶融塩に吸収させて熱エネルギーとしてΔTが200°以上の高温を得る必要がある。そのためには、約 1kW/m^2 の太陽光を、平面鏡を張り合わせた簡易集光鏡を（極軸のまわりに1日半回転の）シーロスタット駆動で、20倍程度以上の集光をするのが最も簡便である。中央鏡の光束に周辺鏡の光束が有効焦点距離で重なる設計である。その焦点距離の半ばほどの南面に第2の平面鏡を置き、その下方焦点距離の位置に溶融塩を入れた陶器のソーラーポットを置くと太陽光はすべて溶融塩中に集光され吸収されて熱化する。その際の第1の注意事項としては、集光した太陽光が溶融塩に直接当たることである。容器に入った溶融塩を容器の外から加熱するのでは、容器からの放熱が大きく、ΔTが大きくなればなるほどエネルギーロスが大きくなりすぎる。第2の注意点は、集光した太陽光のエネルギーを黒色溶融塩層に吸収させて熱エネルギーに変える際に、溶融塩層吸収の光学的深さτを1の程度にして、下ほど黒色を強くして、太陽エネルギー吸収を表層でなく、ほぼ一様に高温にすることである。上層の黒色化が強すぎると、そこでの熱化で表層からの輻射損失が大きく、熱伝導で下層へエネルギー伝達するには時間がかかり、最後には、ほぼ等温になるとしても、表層からの熱損失が大きく、溶融塩全体を高温化するのに使うエネルギーより熱損失のエネルギーの方が遥かに大きくなる。第3は、装置の大型化の場合の注意で、上記の簡易集光鏡は、家庭用1kW発電を昼夜行うのに数平方メートルの口径を必要とするとして、集団住宅用には大型化もしくは多数ならべて利用するとよい。しかし、原発規模の大型化で、張り合わせ多面鏡のシーロスタット駆動が無理な場合、多数の大型平面鏡を経緯台式駆動もしくは赤道儀駆動して目標の地点へ太陽光を送り、そこで熱化するか、砂漠などに雨樋のようなトラフ型集光装置を置いて、その集光で高温をつくるか、二つの方法がある。前者は高温工学の汎用熱源として有用であるが、太陽熱発電に利用するには集光装置の製作設置運転に費用がかかり過ぎるであろう。トラフ型集光装置は固定で集光度が高いので、正午前後以外は斜め入射の効率低下はあるが、ほぼ理想的な集光装置で砂漠などでの太陽熱発電に向いている。トラフ鏡の焦点に相当する直線上に置いたチューブの中に容れた溶融塩を300℃の高温にし自動的に貯蔵にする最も簡便な装置であると聞いている。欧米の先進国が将来のエネルギー源として実験を進めているようである。発電送電を含めた技術の実験として大いに期待される。ただ、太陽熱発電による将来のエネルギー源としての経済性を考えると、溶融塩チューブの外からの加熱では、溶融塩中を加熱する熱エネルギー流よりは、容器から外へ反射されるエネルギーフラックスが高温になるほど大きくなり、また容器から溶融塩に流入する熱エネルギーフラックスへの移動の効率が悪くなり、結局は溶融塩の温度は上がるものの、集光された太陽光エネルギーは溶融塩の加熱に殆ど使われず、チューブの外への熱放射が増大することになる。熱損失を防ぐには、やはり、溶融塩に集光太陽光を直接当てるのが最も簡便である。そのためには、赤道儀の場合のクーデ焦点のように、トラフ鏡の焦点に到る中間に置いた反射鏡で、トラフ鏡の下に溶融塩を容れたチューブを置き、透明度のよい金属か陶磁器で蓋をした構造が適当であろう。

多段式太陽熱発電

集光太陽光で直立したソーラーポットに高温溶融塩を造る場合、まず、その直下に太陽熱発電ペルチェ素子で発電、ついで高温溶融塩は貯蔵して火力発電の熱源として、更にはアンモニアなどの化学合成に使うなど、多段式に流用してエネルギーを無駄にしない工夫が大切であろう。大型装置の実用化はあと数十年先になるであろうが、それまでに、家庭用１kW発電を低価格で実現して、世界に普及し、エネルギーの取り合いによる世界戦争の危機を脱するのが資源小国技術大国の日本の役目であろう。

アベノミクスで主に金融経済の手法で経済の活性化ができたならば、次は、エネルギー問題に主眼を移し、**太陽熱発電の有効利用を国家規模で推進する必要がある。**ホーキングの予言〝人類は文明の発展によって100年で滅亡する〟は、化石燃料を使い尽くしての領土やエネルギーの取り合いのための核戦争と理解すると、原発に過大の期待ができない以上、太陽熱発電の有効利用が本命であろう。

（『宇宙』第147号「『宇宙』を憶う」第44回、山岡記念文化財団、2013年）

エネルギー省の必要性

宇宙科学の立場から、最近の天災人災を見ると、その根底にエネルギー問題があるのに気づく。もちろん、それだけが原因ではないが、大ざっぱにいうと、地球環境問題や経済（経世済民）問題と結合した形で、複雑系としての人類文明の近未来に致命的な暗雲を投げかけている。

ホーキングが以前警告した「人類は文明によって、100年で絶滅する」の兆候が、東日本大震災や最近の大島やフィリピンの大型台風被害、昨年の夏の（多分今年はもっとひどい）酷暑、小笠原の新火山島の形成、半日内に晴雨が激しく交代する熱帯気象の平常化、大雨などの異常気象、それに地震の多発など挙げればきりがない。

それでも現在は「ひのとり」の観測によると太陽磁場が多重極的でいわば冷害飢饉時の太陽であることが幸いして、原発停止による二酸化炭素排出量の増加とヒートアイランド現象による温暖化とが、平均的にはかなりの程度多重極太陽磁場効果と相殺しているように見える。多分、両者の時間的ズレが異常気象の原因にもなっていると考えられる。太陽磁場が復旧する前に、化石燃料消費による火力発電から脱却しなければならない。

地球環境問題や経済問題と矛盾しない、むしろ相補的なエネルギー源を開発する必要がある。10年100年などと言わず、少なくも千年万年できれば百万年の計を、化石燃料の不足するこの21世紀に立てるべきである。原子力発電、太陽熱発電、地熱海洋発電などが有力であり、その原理と技術と安全性の開発が課題である。

資源小国・技術大国で平和主義の日本は、この課題を推進するのに最も適当な国の一つであると考える。そこで提案であるが、政府は「(未来)エネルギー省」を設立し、科学者技術者、経済学者、政治家、文明評論家、等々の専門家を集めてこの課題の研究開発を国家事業とするとよい。その中から、新しい発明発見が陸続と生まれ、人類の永続発展に寄与することを念願する。

(『私達の教育改革通信』第189号、2014年)

エネルギー基本計画

エネルギー基本計画の閣議決定が4月11日にあり、それに関する日本エネルギー経済研究所豊田正和理事長の「電源構成、バランス考慮を」という見出しの論説が15日の産経新聞に出ていた。「日本のために、今エネルギーを考える」という副題も付いていたが、エネルギー問題、地球環境問題、文明進化問題の錯綜した21世紀現代に不可欠な議論である。

1人1kWのエネルギー消費を補うエネルギー源の不足は目に見えて来ており、地球温暖化への対処も不可欠であるが、このままでは30年後の世界戦争による人類絶滅がホーキングの予言通りになる恐れがある。

原子力発電が最も有効適切な文明社会のエネルギー源と考えられてきたが、東日本大震災の原発事故から得た教訓によれば、エネルギー安保に不可欠な核燃料サイクルを意図する六ヶ所再処理工場も未完成のまま操業に到らず、研究段階の高速増殖炉「もんじゅ」もトラブル続きであるという。おそらく、原発が頼りになるエネルギー源となるには1世代30年の試行錯誤が必要であろう。それまでは、必要最低限の利用に限られることになる。
原発に代わるエネルギー源の開発をこの10年程度の問に完成しなければならない。

それを可能にする最も有力な手段は、16倍簡易集光による太陽熱発電であろう。前にも述べたことが何回かあり、それに近い試みは既に三鷹光器などで具体化されてはいるが、この際、人類の命運をかけて、アベノミクスは須くエネルギー省を創設し、斯界の叡知を集めて、具体的装置を開発し、世界に普及すべきであろう。

太陽エネルギーは、正面で受けると1平方メートルあたり1・37kWであるが、家庭用1kW発電を考えると、夜間と朝夕の斜め入射を考慮すると2m四方の集光鏡を必要とする。

発電の効率は、最も良いカルノーサイクルで（$\Delta T/T_{AV}$）で表されるが、集光により温度上昇を高め、平均絶対温度T_{AV}（～300°K）に近づけるには、正方形の中心鏡の上下左右に同型の平面鏡5枚ずつと斜め角に4枚の3角鏡で造る16倍集光鏡で、まず南面太陽高度に近い位置に置いた固定平面鏡でその下方に固定された陶器の壺の底で中心鏡からの太陽光と周辺鏡からの光束が重なるように、上下左右斜め鏡の角度を定め、鏡面群全体をヘリオスタット駆動で、極軸の周りに1日半回転の駆動をすれば、最も簡便で効率の良い集光ができる。

太陽エネルギーは生物にとってまたとない天与のエネルギー源であり地球環境を悪くする恐れもないが、進化した文明にとっては密度的に不充分であり、かといって集光にあまりエネルギーをかけては元も子もない。

現在の問題点は、集光の技術以外では、熱エネルギーへの転換、溶融塩に直接吸収させる工法、上下温度差を使うペルチェ素子などの工学があると聞くがそれらの実際については殆ど何も知らない。

現状においてできることは、非結像16倍簡易集光鏡をヘリオスタット駆動で、地面に置いた陶器の中の光学的深さ1程度の塩に直接集光して、２００℃程度の溶融塩を殆ど瞬時（熱容量時間）につくることで、その後は高温溶融塩を熱源として火力発電の技術で太陽熱発電をすればよいであろう。

以上は、東京自由大学方式とでも名付ける原理研究であり、エネルギー問題地球環境問題に関心のある方々との今後接触が期待される。

（『私達の教育改革通信』第１８９号、２０１４年）

第2章　地球環境

地球の温暖化は防げるのか

一　緒　言

地球温暖化の問題は南北問題をも巻き込んで今や人類死活の問題となりつつある。しかしながら、その実態は未だ科学的には定性的な憶測の段階を出ず、確実な量的判断が得られているわけではない。地表付近の温度とは一体何であるのか、温暖化を防ぐカギとなる機構はあるのだろうか。これらの問題に、地球全体を一つの力学系とみる天体物理学の立場で考察することとする。基礎知識において欠けるところが多々あるが、今後の改良のための覚え書きの心算である。

二　地表の温度

地球表面の温度は、非常に大雑把にいえば、πR^2（Rは地球半径）の面積で太陽光を受けた地球が、受けただけのエネルギーを$4\pi R^2$の面積から黒体輻射（σT^4、σはステファン・ボルツマン定数）で放射したとしての釣り合いの温度Tである。そうすると、太陽の有効温度をT_S、太陽半径をR_S、太陽地球間の距離（天文単位距離）をdとすれば、TはT_Sの（R_S/2d）1/2乗倍、即ち5・780度の0・04823倍で279°Kすなわち6℃となる。実際より10度程度低そうであるが、南極まで含む平均であるから、そう悪い値ではない。むしろ良い値になりすぎて気味が悪いくらいである。

どうしてそうなったか、その第1の理由は、海や大地や大気に貯えられている熱エネルギーの量が一日の日射に比べて大きいためである。もし、これが小さいと昼と夜、夏と冬との温度の違いは、容易に100度を越すことになるであろう。例えば、深さ1mの池の水を約50度ほど温度をあげるのに、エネルギーのロスなしで中緯度の日射で約10日くらいかかる。ということは、半日おきの日射では、50度の20分の1で、2度半の昼夜の差が生ずる。

実際には、貯蔵した熱量を吐き出すための8分の1周期の位相の遅れ（3時間、1時間、36分などの日変化成分がある。年変化では1・5カ月が主成分）があり、表面の変動のスキンデプスは熱伝導度と周期との積の平方根に比例するので、最高温度は1日については2時間程度、また真夏は夏至より1月半ほど遅れる。

温度変化に関与する層の厚さも、海と陸、緑地と砂漠で大いに違う。そのスキンデプスの厚みの層の熱容量が大きいと、これが熱溜めとなって温度を平均化するのである。砂漠ではスキンデプスの厚みが薄いため昼夜の温度差が大きくなる。太陽輻射の吸収効率を変える要因、熱容量を変える要因、および大気外への熱放射の効率を変える要因が各地点での温度変化の要因である。

三　エネルギーの輸送

次に問題になるのは、熱エネルギーの輸送である。伝導・対流・輻射いずれを採っても高温側から低温側への熱の移動であるから、暖められた地球の冷却機構となり得るが、通常の気象は平均的な意味では地球冷房装置とは言えない。甲府盆地が夏暖められて水蒸気を含んだ上昇気流を発生し、積乱雲ができて関東地方に夕立ちを降らせる。確かに、熱は対流圏上部に捨てられ、局地的な冷却機構となっているが、局地的であって地球規模にならすと通常の対流圏の働きに埋没してしまう。もちろん、局地的な機構も非線型力学的にグローバルな働きを持ち得る。しかし、アマゾンの畔のチョウの羽ばたきがノアの洪水を引き起こし得るという類いの場合には、その系の安定性を議論すべきであって、非線型効果は一応今の議論から除いておくのが適当だろう。

地球規模の熱エネルギーの輸送を受け持っているのは、上下には気象現象としての対流と赤外の熱輻射である。対流についてはどれだけ水分が関与するか、熱輻射については温室効果が問題となる。水中では輻射は殆ど問題とならない。更に、対流も起こさない条件では、ソーラポンド現象となる。これについては後に述べることにする。したがって、とくに極地方を冷やして南北の循環をドライブする機構などは有効な冷房装置を提供する。具体的に、これらの機構が働いている例として熱帯降雨林の場合と、北極海の場合とを以下に議論する。

四　温暖化ガス

本論に入る前に、国際間の政治問題となっている温暖化ガスについて簡単に触れておこう。

通常、温暖化ガスと呼ばれているのは、二酸化炭素以外に微量温暖化ガスとして一括されているメタンやフロンなどのハローカーボンおよび窒素酸化物である。25％の人口のアメリカ・ヨーロッパ・日本などが85％以上の温暖化ガスを出しておいて、今後の規制を貧しい国々に強制しようとしている点に問題があるが、一方規制を強化しないと人類が共倒れになる心配もあるのである。

二酸化炭素は地表の熱輻射の占める遠赤外の波長域に強い吸収帯を持ち、これが大気に毛布をかけた役割（温室効果）をする。近年、石油など化石燃料の消費が増加し、発生した二酸化炭素の半ば以上が大気に蓄積されているのが観測されている。この傾向が今後も続けば、南極の氷が解けて海水位が上がり、多くの都市が水没することが予想される。二酸化炭素は本来地球大気の主成分であったものが水に溶けサンゴなどによって炭酸カルシウムに固定され、あるいは光合成の結果化石燃料の形で地中に埋め込まれて、大気中から失われたものである。即ち、生物が10億年かけて二酸化炭素を0・04％にまで減らし、涼しい地球を作り上げたその遺産をなしくずしに失おうとしている。

フロンやメタンなどの微量温暖化ガスは、二酸化炭素に比べれば極めて微量であるが、二酸化炭素が既に自分の作った深い吸収帯の底や縁から漏れ出る熱輻射を更に出にくくするだけなのに対し、これまで透明で熱輻射が自由に逃げていた波長域に蓋をする効果をもつので、たとえ微量でも二酸化炭素による温暖化に比べ無視できない効果をもつ。オゾンも同じ意味で温暖化ガスである。しかし、オゾンには紫外線を防ぐ役割があるので、通常は温暖化ガスに入れないようである。

メタンは水田や湿原などが発生源であるが、東南アジアの人口増加に対応する食糧の増産に水田の拡張はかかせない。温暖化が進むとツンドラ地帯がメタンの発生源となり、温暖化がさらに加速すると言われている。

温暖化ガスがどのような機構で壊されているか、まだよく分かっていない部分が多い。その機構が明らかにされれば、それは間接的ではあるが、地球冷房機構であると言ってよいであろう。まずは常識的な線で熱帯降雨林の働きを見てみよう。

五　熱帯降雨林

植物の光合成は熱帯降雨林に限らないが、代表として熱帯降雨林を考えることにする。

実際、大気中に酸素分子を窒素につぐ主要成分としたのは光合成の働きと言ってよいであろう。しかし、それには何億年もの歳月が必要であったが、いまもその名残の機構が働いて、二酸化炭素を取り込んで栄養とし、廃棄ガスとして酸素を放出している。もっとも、植物も酸素を呼吸して二酸化炭素を吐き出しているから、植物の活動のすべてが二酸化炭素の減少に寄与しているわけではない。

大気中の二酸化炭素の濃度はサイン曲線的な変化で、冬は増加夏は減少するタイプのパターンと、一方的な増加のパターンとの和の形が観測される。植物の役割は、幹などの繊維のような形に固定したことにあって、やがてそれが倒れてバクテリアなどで分解されて二酸化炭素に戻るまでの炭素のプールになっている。したがって、熱帯降雨林を倍にしても二酸化炭素の増加を5年程度遅らせるに過ぎないと言われている。逆に言えば、それほどまでに現在の化石燃料消費が盛んであるということになろう。

熱帯降雨林の働きは、他にもある。植物は水分を根に保持し、水と共に養分を吸い上げ、光合成も行うが、余った水分を大気に放散する。したがって同じ熱帯であっても、森林の上の大気は砂漠の上の大気に比べ絶対湿度が大きい。大気は上昇すると断熱膨張で温度が下がるが、水蒸気の含有が多いと水になる時に潜熱（水の気化熱）を出すので温度の下がり方が小さい。即ち、熱帯降雨林上の大気は断熱温度勾配が小さいのである。実際の温度勾配がこれより大きいと、上昇する大気は周囲に比べ温度が高くなり、膨張して軽くなり、浮力を受けてますます上昇のスピードを上げる。即ち、対流が盛んになる。水分は雨となって熱帯降雨林の上に降る。結果は熱エネルギーの大気上層への盛んな輸送であり、地球の冷房である。砂漠と比較すると、太陽光を直接反射するアルベドはいくらか小さいであろうが、太陽光の質の良いエネルギーを地球冷房に使っていることになる。

熱帯降雨林は回復性がよいので、焼いて畑などにしなければ、その能力にはこれからも期待できる。大切にしなくてはならない。

六　北極海

地球環境を維持しているのは、いろいろな意味で海の存在であると言ってよいであろう。海には、エルニーニョなど地球全体の気象に重要であってもよく分かっていないこともある。ここでは、海の興味ある側面の一つとして、北極海の地球冷房機構を考えることとする。南極には大陸があり巨大な氷貯蔵庫をなし、大気冷房大循環の起点として北極海と共に重要であるが、北極海には海独特の要素があって、海洋大循環つまり水冷方式の冷房装置を駆動しているのである。

北極海は大陸に囲まれた丸い海で、ここに打ち込まれた楔のようなグリーンランドとスカンジナビアとの間のフラム海峡が唯一ともいえる出口になっている。大陸の河から注いだ水は塩分を薄めて上層に広がり、夏冬での消長はあるが2~3メートルの厚さの永久氷層をつくる。

海水は深いところほど塩分は濃く、水温も上は0℃下は4℃、海水の密度は下ほど大きい。これは対流を全く起こさない2重の安定成層である。水を安定成層に保ち、太陽光を水底で吸収して底部の水温を沸点近くに高め、エネルギー源として利用する装置をソーラーポンドという。これは、水が太陽光には透明で熱輻射には不透明かつ熱伝導度が低いことを利用したもので、環境を汚さず、南の国々に有利な21世紀の理想的エネルギーと目されている。ところで、北極海は完璧な安定成層という必要条件を備えているが、太陽高度が低く日射量が少ないが、氷の上に雪が積もっていると90%が反射されて、深いところの海水温度を4℃に保っている。全体としてのエネルギーのバランスが氷の厚さを決めていると言ってよいであろう。北極海は巨大な夏のソーラーポンドで、地球はこれを冷房装置として用いているのである。

4℃の塩水はフラム海峡に溢れ出て、大西洋の深海底を南に流れアフリカの南を回って、一部はインド洋へ分岐して北上しインドに突きあたって表層流となって戻るが、主な流れは更にオーストラリアの南を通って太平洋の底をアリューシャンに向かって北上し、表層流となってハワイからオーストラリアの北からアフリカの南を抜けて大西洋を北上し、再びフラム海峡に戻る。

この海洋大循環冷房装置のドライバーは北極海であり、沈み込みはフラム海峡にあるが、表層流が沈み込む時に、二酸化炭素を深海底へ抱え込んでいく。化石燃料消費で増えた大気中の二酸化炭素の半分は蓄積されているが、あとの半分は行方不明であると言われている。それが実は、このフラム海峡で海底に持っていかれているという推定がある。もしそうなら、北極海の冷房機構は冷水の循環という直接機構と、温暖化ガスの低減という間接機構との両方があることになる。それに大気大循環の冷房も考えれば、一石三鳥の冷房機構と言えるかもしれない。

七　結　言

地球冷房装置について、熱帯降雨林と北極海を題材として定性的な議論をした。はじめは定量的な議論をする予定であったが、時間に追われて定性的議論に止まってしまった。いずれ、稿を改めて本格的議論に挑戦したい。

しかしながら、北極海の夏のソーラーポンド効果を提唱した論文としてはおそらくこれが最初ではないかと思われる。近年、北極海氷が薄くなっているという噂があり、それが地球全体にどんな影響があるか、よく調べる必要がある。そうした研究のために、本論があるいは先導的な役をすることになるかもしれない。

（『宇宙』第68号、山岡記念文化財団、１９９４年）

（宇宙編集部注）この報文は著者が、近畿大学環境科学研報告20号に「地球冷房の機構」として発表されたものに若干の手直しを加えて頂いたものである。

不思議な不思議な地球環境

太陽は半径約70万Km、表面温度約5800°Kの極めて安定した恒星だが、それから光で約8分のところに地球がある。そのため、太陽に正対した地表の温度は熱放射以外の冷却がなければ約90℃、これを地球表面全体で平均すると約6℃になる。これは、1気圧の大気のもとでは水が液体の水である温度で、生物が生きていくのに最適の温度であると言える。どうしてそうなったのか、偶然か必然か神の仕業か分からないが、これが第1の不思議である。

第2の不思議は、地球環境を守る海の働きである。地表の大半を覆う海は4〇〇〇mの窪みに塩分を溶かし込んだ水を湛えている。可視光から近赤外を主とする太陽光は100m位までの深さで吸収され、いずれは遠赤外光として海面から出ていくが、水は遠赤外光を透さないので、もし対流が起こらず効率の悪い熱伝導だけの場合は外へ出るのに何千年もかかる計算になる。実際、海には「塩の指不安定性」と呼ばれる奇妙な原因が働いて、対流が起こりにくいので、吸収された太陽エネルギーは海流に乗って世界中の海水温度の保温と一様化の働きをする。穏和な地球環境を守る第1の保護神は海であると言ってよい。

「塩の指不安定性」とは、真夏の海面で蒸発のため塩分の濃くなった海面に風が吹くと、水温と塩分のムラを生ずるが、温度が低く塩分が濃くなった部分は重いので下へ沈み、塩の指の子供を生ずる。温度が周囲と熱伝導で一様化されると塩の分だけ重くなり、指は更に下へ伸びて塩の紐を海中に垂らすことになる。静かな夏の海に潜水するとこの塩の紐が見えることがあるそうである。これが何億年も続くと、海の塩度が下ほど高くなり、下ほど比重の高い海では多少下層の温度が上がっても対流は起こりにくい。海の保温作用が地球を守っているのである。

第3の不思議は、森の働きである。植物は太陽エネルギーを用いて、水と二酸化炭素と若干のミネラルを主な材料として光合成をしている。ブナの大木は一日に1トンもの水を大気中に放出する。水分を含んだ大気は乾燥大気に比べ比熱が大きく、温められて上昇し周りの気圧に応じて膨張しても温度の低下が少なく、更に膨張を続けて上昇する。森の上空は対流が盛んになり風が起こる。その風に乗って酸素は拡散し、二酸化炭素は供給されるので光合成は促進され、木は生長し大気は浄化され、周囲は夏涼しく冬暖かい気候になる。

これが億年続くと、化石燃料は地中や海底に貯め込まれ、その代わり大気中の二酸化炭素は大幅に削減される。温暖化ガスとして知られる二酸化炭素が大幅に減ると地球は寒くなって住めなくなる心配があるが、実は、今の太陽は生物が出てきた20億年前よりも2割ほど増光しているので、生物はその間ずうっと住み良い地球環境を維持できた次第であった。逆に言うと、太陽進化に合わせて森が地球環境を護ってきたのである。

その大切な地球環境を、今、億年かけて地球が貯めた化石燃料を人間が１００年で消費することにより、根底から破壊しようとしている。地球温暖化、都市や島の水没等いろいろ言われているが、最も根本的な問題は北極海周辺の温暖化による海洋大循環等への非線形効果ではないだろうか。これがある限界を超えて始まったら、それはもはや人力では如何ともし難い破局に陥ることが予想される。その限界が20年後に来るか50年後に来るか誰にも予測できないが、化石燃料消費が今のままでは今世紀中にその限界になることはおそらく間違いあるまい。北極海は地球冷房の根拠地だからである。北極海面には氷が張り雪が積もり、極端な斜め入射の太陽光は反射されて殆ど海面を温めず、平均０℃以下、２０００ｍの海底は地熱を熱伝導で運ぶために約３℃であるという。その３℃の冷塩水が大西洋に流れ込むと地球自転による転向力でアメリカ側の海底に溜まる。重い冷塩水を支える海底の圧力は東側より高くなり、その圧力勾配で東へ流れが押し出そうとするがこれが地球自転による転向力と釣り合って、流れは南下し赤道を越え、喜望峰の南を東漸し、一部はインド洋へ、他は南極海から太平洋に入り北太平洋に北上して日本列島沖を抜けてインドネシアを通り、大西洋に戻って北上して元に戻る。海洋大循環である。

この概略の機構を概算すると、約１０００年程度の海洋大循環周期と１０００ｍ以下の深海温度３℃が容易に説明される。この３℃の深海水が抱える二酸化炭素量は全体の約70％というから、北極海環境が悪くなり、海洋大循環が不順になると、二酸化炭素が排出され地球温暖化が加速し、北極圏のツンドラや海底に閉じ込められていたメタンやメタンハイドレート等が出てきて、それらの相乗効果で北極海環境はもはや人力では取り返しのつかないものになるであろう。

それでは、どうすれば人類はこの破局から抜け出すことができるであろうか。化石燃料に代わる恒久的な人工のエネルギー源としては核融合が有力視されているが、エネルギー出力の大きいほど事故の災害も大きいから、まだ完成すらしていない核融合炉に人類の将来を託すわけにはいかない。水力、風力等の自然エネルギー利用は大いに奨励されるが、世界人口が間もなく100億に達しようとしている現在では、完全な代替は不可能であろう。残るところは、地球自体を受け皿にした太陽エネルギーと地球の持つ太陽エネルギー機構を集光によって効率を上げて使う装置を開発することであろう。前者としては、海洋大循環の3℃の深海水と表層水または火山島地下のマグマとの温度差を用いる海洋発電または地熱海洋発電がある。両者とも、利用可能なエネルギーの0・1%で全世界のエネルギー需要を満たすことができる点は環境破壊にならない点で及第であるが、まだ完成技術とはなっていない。残る、太陽エネルギー装置として、現在、ある程度の普及があるのは、太陽光発電パネルと太陽熱温水器である。両者共エネルギーを使う場所で作る利点で、石油火力に勝るが、両者共装置のコストがかかる（エネルギーを使う）ことと太陽光のエネルギー密度が生物生存にはよいがエネルギー源としては不十分である点である。この後者の欠点を集光によって除き、コストの上昇を抑えれば石油火力より安く電力を得る可能性は十分ある。

太陽光発電パネルは植物の葉緑素とほぼ同じで、10ないし20％の効率で太陽エネルギーを電力または糖分に変える。糖分から燃料電池で電力にすれば同じことになる。10倍集光すれば、パネルの単位面積あたりの発電量は、温度上昇による効率低下がなければ10倍になる。発電に用いられなかった80ないし90％のエネルギーは熱となって捨てられるが、水冷式にして、これを温水器の予備加熱に使えば、温度上昇による効率低下の問題も同時に解決する。温水器に対する集光の効果は、パネルの場合と違い、装置あたりのエネルギー利得でなしに、エネルギー量は同じでも高温度の沸騰水を作る点にある。集光しなければ、約90℃が限界であるが、10倍集光すると水星の対日温度約３５０℃位までいける勘定になり、保温がよければ水深15㎝の水が1時間で沸騰する。これで蒸気タービンを回して発電すれば20％位の効率で発電が可能である。詳しいことは述べないが、海の保温の原理、対流を起こさない仕掛けをしてやると、15㎝の水深の保温時間は２日程度になるから、沸騰するまでの熱損失は最小に抑えられる。固定準全天集光系の下に対流防止をした熱水装置を置き、その下に水冷式の太陽光発電パネルを置いたシステムを造れば、石油火力より安く家庭規模で自給自足の発電が可能である。関心のある方はご連絡ください。世界平和と人類の未来のために。

（『宇宙』第１１９号「『宇宙』を憶う」第16回、山岡記念文化財団、２００６年）

地球温暖化「非CO_2論」の虚妄

ある女流評論家の論説の中で、世界有数の地球物理学者赤祖父俊一さんの説を引用して、「地球温暖化はCO_2ではない」という議論が展開されていた。

日頃、中正の立派な評論を出している人が、誤った議論をすると影響が大きいから、その誤りを指摘しておきたい。

赤祖父さんの論文は読んでいないので詳細は分からないが、桜井勝弘さんの「CO_2で地球温度は何度上がるか？」（改訂版）という文書を、友人が転送してくれたので、それによると、氷河期（氷期？）（1400〜1800）からの回復と地球の準周期変動が大部分で、CO_2増加による温室効果の影響は約1/6程度であろう、ということである。中緯度の平均気温が500年前に0℃、現在1・5℃とすると、100年で3℃、1/6とすると、10年で0・5℃がCO_2の人為増加の影響ということになる。しかし、気温変動には知られているものだけでも、億年、万年、100年、22

年、11年、2年、1年、1日、等の周期、準周期変動があるが、太陽黒点周期の22年以下の短周期変動より長い準周期変動の定量的理論的説明はない。

第2の問題点は、水H_2Oや二酸化炭素CO_2等の温室効果と地球温暖化との混同である。

第3の問題は、非線形モード（地球環境の非可逆進化）であるが、それを議論できる知識は自分にはない。

桜井勝弘さんは、〝もんじゅ〟の炉心熱流力設計を担当された方で、詳細な解析と共に、簡易モデルをつくりグローバルな物理特性を理解し、修正していくという方法をとっていたという。

そこで、地表温度の簡易モデルとして、地表に入射する太陽エネルギーと全地表から大気外へ放射されるエネルギーとをバランスさせて決まる温度と、地表平均温度との差を水H_2Oと二酸化炭素CO_2との温室効果による温暖化と解釈するモデルを考える。

地表に入射する太陽光強度は、大気外での強度（太陽定数）$1.37kW/m^2$に（1―A）（A：アルベド、通常0・3とする）を掛けた値を採用すると、太陽光を垂直に受けて再放射する黒体輻射温度は1000℃位であるが、太陽光を受ける地表面積は全地表面積の4分の1なので、受けた太陽エネルギーを地表全体の面積で再放射する黒体輻射温度はマイナス18℃となる。これと平均気温15℃との差を水蒸気と二酸化炭素の分子数に比例させた温室効果と解釈するのが簡易モデルで、その簡易モデルを更に最近の地球温暖化にあてはめて、人為による二酸化炭素の増加が何年後には何度の温暖化になるかを予想することが、桜井さんの一連の筋書のようである。

ここで、特に問題なのは、アルベド：Aという量の曖昧さもさることながら、地表が受けた太陽エネルギーを地表に一様な温度の放射として再放射することで、地表が熱の超伝導体として扱われていることである。

地表が受ける太陽エネルギーは、昼と夜、季節、緯度により桁違いで、これを平均化する機構は存在しない。つまり、マイナス18℃という値は殆ど意味のない数字である。ただ一つ、それに代わるよい方法がある。それは、地表平均温度として、１０００ｍ以上の深海温度３℃（２７６Ｋ）を採用することである。

３℃という温度は、地熱を海面へ伝導するのに必要な北極海底温度で、海洋大循環が北極海を源流として、北大西洋の東西海底の水温による圧力勾配と地球自転による転向力との釣り合いで、北米大陸側を赤道を越えて南下するモデルで説明される。また、更にアフリカ側を、希望峰を超えて東漸、太平洋を北上、アリューシャン沖を南下、日本列島沖、台湾・フィリピン・インドネシア沖を通過して喜望峰沖を西に回りアフリカ沖を北上、表層流となって、アメリカ側赤道を越えて東漸、ヨーロッパ沖を北上し、塩度を増して、グリーンランド沖で沈み込む大循環モデルを考えると、１０００ｍ程度の乱流渦の渦粘性を仮定して、動径方向の圧力勾配との釣り合いからも、海洋大循環用期の観測値約１５００年が説明できる。

しかし、深海温度が一定している理由はそれだけではない。更に、重要なことは、海が持つ保温の良さである。直射太陽光の1割程度は、水深100m程度、〝てんぐさ〟等赤い藻が生える深さまで届く。そのエネルギーは、夜分あるいは冬季、外が低温になると海面から外へ放出されるかというと、約3000年かからないと熱伝導で外へ出られない。その理由は、海は〝塩の指不安定性〟といった（温度と温度の）二重拡散対流不安定性が働いた億年の進化の結果、深い所ほど塩度が高く比重が高いので、少々の温度勾配では対流が起こらない仕掛けになっており、遠赤外線を透さない水の中を分子衝突で温度を伝える熱伝導では100mを伝導するのに3000年もかかるというわけである。その間に、海流がならし、一様化するが、その代表が海洋大循環ということになる。

次に、問題なのは、水の影響であるが、遠赤外での水蒸気による温室効果もあるが、雲になり、霧や靄になり、地上に達する太陽光を散乱吸収する効果、雪や氷となりアルベドを大にする寒冷化効果もあって、昼と夜でも地上温度に対する作用が逆になり、あるいはその地の温度によっても効果は変わる。

地表にある水の総量は海が地表の2/3を占め、陸上では森林や陸水、水田等が海と似た役割をするから、水蒸気の温室効果は二酸化炭素より大きいからといっても、地球温暖化に対する影響は第1近似では無視すべきである。

それでは、(1400年~1800年)の寒冷期からの回復というもう一つの温暖化の解釈をどう考えるべきか、と言うと、この寒冷期は太陽黒点のマウンダー極小期を含む四つの極小期に相当し、日本では寛永から享保、天明、天保の飢饉の時期であり、フランス革命もその頃のことであったが、1950年には完全に回復し、かなりレギュラーな11年周期変動になっている(日江井栄二郎、「太陽」学士会会報2008―Ⅲ)。

太陽エネルギーの一部が、太陽磁場活動に転化して11年周期や100年程度の変動として、表面に現れると考えると、太陽黒点の消長と地球環境との相関は説明できる。このところ、太陽黒点は極少期に近く、今年は黒点の姿が見えないというから、北極海の氷やグリーンランドの氷河が融けているのは、CO_2による温暖化かアルベドの減少やカーボンハイドレートの湧出という二次効果によると考えるべきであろう。

黒点極少期の寒冷からの回復という温暖化の筋書きは今後どうなるのか、吉村宏和さんあたりに聞いてみるか、〝ひので〟の観測結果をもとに常田佐久さんあたりに予報して貰うしかないが、今のところその筋書は除外して、水蒸気と二酸化炭素による温室効果、それも夜間だけに限って適用したモデルを簡易モデルとするのが適当であろう。夜間に限る理由は、昼間は地表近くは対流圏で、大気中の温度勾配はほぼ断熱温度勾配であり、遠赤外放射に働く温室効果は殆ど影響ないからである。

次に、温室効果の評価であるが、輻射平衡にある大気の温度成層は、地球大気の場合、遠赤外域の平均吸収係数による光学的深さの関数として求められるので、その平均吸収係数に対する吸収線の寄与の大きさが水蒸気や二酸化炭素の温室効果である。平均吸収係数は、各波長域の吸収係数をその波長域の（外向きの）輻射流量で重みをつけた平均をとるので、強い吸収線を少数持つ分子よりも弱い吸収線を多数持つ分子の方が平均吸収係数により大きく寄与する。また、強い吸収線を持つ分子が増減しても殆ど温室効果に影響しないが、中程度以下の吸収線の分子数の増減はそのまま温室効果に影響する。地球大気の場合、水蒸気分子はその温室効果で確かに大気の平均気温を上昇させているが、その上昇は一定しており、前記の二つの理由で、いわゆる温暖化にはつながらない。一方、二酸化炭素は、遠赤外域に強弱多くの分子の振動・回転モードの吸収線を持ち、分子数の増減は比例的とまではいかなくとも、ほぼそのまま、温暖化につながる。メタンハイドレートなどでは、吸収が飽和に達していないであろうから、温暖化で分子数が増えると、温暖化が更なる温暖化を呼ぶおそれがある。

一方、水の影響としては、雲や氷雪としてアルベドへの影響があり、太陽磁場の消長が地球環境に与える影響と共に重要であるが、その辺りは専門家の検討に委ねたい。かつて、松島訓さんの愛弟子であったジェイムス・ハンセンがA・レイシスと共に吸収線の大気構造への影響を研究していた私の所へ武者修行に来ていたことがあるが、彼等は今やＩＰＣＣの中心的存在であり、水や太陽磁場の影響等も含めて、CO_2等による地球温暖化の研究のリーダーとなっている。たしか、複数の日本人女性の共著者がある彼等の論文を見たことがある。ジムが、宇宙飛行士の毛利さんとテレビ対談をしていたのも見たことがある。関心のある方は、インターネットで検索してみて下さい。結論として、21世紀人類生存の危機を左右しかねない地球温暖化の今後10年間の動向を決めているのは、人為による二酸化炭素の排出量であるとしてほぼ間違いはない。

ただ、それ以外の要因が加わる可能性もあり、特に、非線形効果が少なからずあるので、10年より長い未来にわたっての予報は困難である。また、ただ一つ確実に言えることは、温暖化の問題の有無にかかわらず、石油等の化石燃料は未来のために温存すべきで、現代人が浪費することは許されない、ということである。

（『宇宙』第１３０号「『宇宙』を憶う」第27回、山岡記念文化財団、２００９年）

森のアニミズム

暑い夏の日　森の木々は
水を地面から　汲みあげては　大気に撒いた
水蒸気を　大気中に　蒸発させた

小さな椿の若木も千年のブナの大木も
みんなが　それに協力した
すると、どうだろう
水蒸気を含んだ大気は　対流し　風をおこした

森の中を風が吹き抜けると
虫も、リスも、狐や猿も、元気になった
二酸化炭素が風にのって運ばれ
矢吹（萬壽）効果で　光合成が20倍も進んだ

虫も、リスも、狐や猿も、みんな元気になった

地球46億年
太陽光が強くなりすぎると
森が二酸化炭素を減らして　地球を涼しくし
虫も、リスも、狐や猿も、人も、元気になった

海のアニミズム

地球環境を　護っている　海のアニミズム
小さな「塩の指」から　それは始まった

暑い夏の日　静かな海面は
蒸発で塩分濃度が　高まり
塩分の特に濃いところが　塩の指を作って
海面に突き刺さる　更に発達して
塩の紐となり　塩分は　下へ下へと運ばれる

海流で平均化されるが　万年・億年経って
下層ほど比重が重い海水となる
太陽光は　１００m以上　かなり深くまで達するが
夜間　冬季　外が冷えても　対流が起こらず

吸収された太陽エネルギーは
外へ出るのに　３０００年かかる
その間に　海流が地球規模で　平均化する
海のアニミズムで生き物は　生まれ　育ち
いのちを伝えている

（『宇宙』第１３５号、山岡記念文化財団、２００９年）

第3章　教育

再び「ゆとり教育」について

ゆとり教育による学力低下の問題が煮詰まってきた感がある。読売新聞（2005年2月16日）に、中山成彬文科相と有馬朗人元文相の現状分析が、解説部中西茂氏の質問に答える形で論じられていた。かつて北朝鮮に拉致された人たちの帰還に尽力していた品のいい敏腕の小母さんとして人々から信頼されていた方の夫君ということで、中山文科相には面識はないが私も親しみを感じている。

一方、有馬さんは、昔東大理学部で同僚であったが、一流の物理学者として世界的な業績を持ち、物事を処理する能力と見識を買われて東大総長、文部大臣などの要職を務めた。彼は、大変な秀才で、あらゆることに理解力があり、その上人柄もよく包容力もあるので、長と名のつくポストには最適な人物であるが、唯一の欠点は秀才過ぎる点にあると思われる。

話は一寸横道にそれるが、昔、旧制高校に7年制高校というのがあって、当時の英才教育の一翼を担っていた。これに似たものを現在新たに造ろうとする案があるので、少し詳しく述べると、通常の旧制高校は5年制の（旧制）中学卒業時に入学し3年在学してから旧帝大へ入るのが最も普通のコースであった。しかし、5卒を5割弱とすると、1浪が4割弱、4修と2浪が1割弱ずつ、といった感じで、入学する生徒の年齢に幅があった。これに対し、7年生高校は、いわば全員4修で入ってきたことに相当し、秀才を集めたエリート校の感があった。17歳、18歳といった年頃の1年間の精神的自立度の成長は、個人的な資質にもよるが、大げさに言うと大人と子供の違いを生ずる。2種類の旧制高校においてそれがどう現れたか、ゆとり教育の問題とからめて、主観的な感想を述べてみたい。

通常校に4修で入ると、ダスキン（ト）（Das Kind コドモ）と呼ばれて、寮生活でも同級生から1人前に扱ってもらえない。必死の想いで、ドストエフスキーやバルザック、カントをわけも分からず読み、1年もすると、1浪・2浪の同級生からやっと友達扱いしてもらえるようになる。一方、でかい顔のドッペリ（落第生）や浪人組は、ダスキンに人生を教えることにより、自らも成長する。7年制高校では、皆がいわば4修で、周囲の秀才に負けてはいられないと勉強する。その結果、医学部や理学部物理学科のような入るのが難しい学部学科には、7年制高校出身者の割合が多かったようである。

つまり、学者や研究者になるには、この年齢で1年得をした効果が後まで有利に働くが、少なくも若い間は、常人の全人格的な世界観に対する理解が及ばない欠点を生じがちになるようである。

話を元に戻すと、中山文科相の答弁は、「学習指導要領の見直しは総合学習をやめることも視野に置くのか」「ゆとり教育の何が一番の問題点か」「学習意欲の低いことも問題だ」「ゆとり教育に代わる理念はあるのか」などの制度がらみの質問に対する答えとしては内容もあり、ほぼ満点の答弁と言える。

ゆとり教育の問題点として、「子供たちに『勉強しなくていい』というメッセージを与えている」という指摘など至極当を得てる。しかし文科相としてはそれ以上踏み込むことはできないかもしれないが、本当の問題点は〝生きる力〟という掛け声だけで、子供たちに〝生きる意味〟を自得させるためのありとあらゆる手段を、先生や子供たちや父兄に提示し得なかったことにある。地球と人類存亡の危機が目に見えている現在、自分のなすべき役割を見つけることは、本当はそんなに難しいことではない。

ただし、自暴自棄にならずに生きることの形而上の意味はますます難しくなっている。最近、宇宙研主催の宇宙学校での小学生の質問に「何十億年かで地球がなくなるそうですが、私はどうしたらいいでしょう」というのがあった。突飛な質問のようだが、最近では地球環境の危機を子供が肌で感じていて、その中で〝生きることの意味〟を本人が無意識に探している質問と受け止める必要がある。

質問に対する形而上の答は、その子が質問を発した心のその中に自ら見出す以外にない。それをその子に成長に応じて気づかせるにはどうしたらよいであろうか。最近、茂木和行さんから、「意味探しのゲーム」という哲学的な教育論が届いた。万能コンピュータの出す教育論でなく、意味不明の事象をゲーム感覚で見つけさせる教育の話である。

有馬さんの話は明解である。「ゆとり教育は失敗したのか」に対し、「円周率を3で教えるという風評や、宿題を出さなくてもよくなったという誤解もあった。答申にも基礎基本はきっちり教えるよう書いたが、説明が足りなかった。学ぶ量を減らしたことが問題視されるが、学校週5日制で減ったのは7%。各教科の時間がさらに減ったのは、総合的な学習の時間を入れたからだ。その点は皆さんに理解してもらったが、『総合』で新たな学力をつけようという趣旨はまだ理解されていない」。

EDUCATIONを「導育」でなく「教育」とし、SCHOOLを「考究所」でなく「学校」として、100年間勤勉な国民性が守ってきた制度を、社会の週休2日制に合わせるためと受験勉強の過熱の批判をかわすために、学校週5日制と「ゆとり教育」の制度改革を導入した。一般に、制度が時代に合わなくなると制度改革が行われるが、改革によるプラス・マイナスは少なくとも当初は拮抗するのが常である。マイナス面を甘く見ると、必ず失敗する。有馬さんは秀才すぎるあまり、円周率を3で教えるなどという風評が立つことや、宿題を出さなくてもよくなったという誤解が出ることなどは考えなかったようである。基礎基本ははっきり教えるように答申すればそうなるものと考えたらしい。たった7%時間が減ったとて、「総合学習」を上手に利用すれば、有馬さんなら生徒に従来以上の学力をつけられるであろうことは疑う余地も無い。しかし、学校は

「まなぶ所」であるという国民性は10年や20年では容易に変わらない。その間に、日本人の「生きる力」は「ゆとり教育」によって、減退していく。産経新聞（2月16日）に、中教審の「ゆとり」見直しの検討課題案が4項目13ケ条に分けて載っていた。全て、尤もな検討課題である。しかし、「ゆとり教育」で失われたのは「学校へ行く意味」と、さらに「生きる意味」であったのである、いくら検討課題を精密に組み立てて、万能コンピュータのプログラムを作っても子ども達の感性と悟性には響かない。ただし、その努力は怠ってはいけない。

この困難な時代には、子供たちが「生きることの意味」を自分から捜し求める教育が何より肝要なのである。地球がダメになることを心配する小学生には、海や森が地球を護っている不思議を先生と生徒が共に語り合い、そこから太陽系や宇宙や生命の進化にいたる理科教育に発展してはどうであろうか。そのためには、国語や算数や基礎知識の習得が必要不可欠であり、「学校へ行く意味」も21世紀的な新しい意味をもって復活するであろう。

（『宇宙』第115号「『宇宙』を憶う」第12回、山岡記念文化財団、2005年）

寓話による科学教育

いのちとは何か、時間とは何か、誰でも知っているが、誰も定義できない。論理というものは根元におてはどうもそうしたものらしい。一方、空間は、東西南北と重力で決まる上下とで3次元があり、魔法の数である3要素があるので、どうにか万人がお互いに誤解のない理解で定義可能のようである。この空間内に光を持ち込んで、光速は最高の速度であり相対運動のある空間でも同一であるという物理を使って時間を定義したアインシュタインという天才がいた。

一方、いのちは実感としては、生死（一生）が最も現実的であるので、神戸大の郡司幸夫さんは、時間とはいのちのことである、あるいは、いのちとは時間のことであるとして、定義できない両者を同時に定義した。論理的には否定も肯定もできない。論理というよりも寓話的な定義と言えないだろうか。

数学のように、定義域を仮定によってきちんと制限すれば、論理による学問形成が可能であるが、それでもなお、ゲーデルの不完全性定理のように、定義域を（記号と数字だけしか使わない）

述語論理に取っても、「私は嘘つきです」と同型の自己言及パラドックスに対しては、「論理の不完全性」が証明されることになる。全く同じ論理で、「嘘つき神様」という述語論理（「神はAを嘘だと信ずる」をAとすると神がAを信ずるとしても信じないとしても神が嘘つくことになる）もある。モーゼの十戒に「自分以外の神を信ずるな」というのがあると聞くが、これもおそらく「嘘つき神様」と同じ全能の神の自己言及パラドックスであるのに、そういう理解を多くの宗教家や政治家哲学者がしていないのは問題である。

（全能の神は何でもできるからそんなけちなことを言うのは道理に合わない。本意は、他の信仰を持つ者にいらぬ世話をやくなというのに近い。）

個人というよりは、集団や社会の過度の自己中心性を戒めたものであろう。

では、どうすればよいか。多分、否定形の自己言及パラドックスの代わりに、肯定形の寓話による科学教育をするのが最も有効ではないかと考える。どういうことかというと、例えば現代の天文学は、物理学の一部のように考える人も多いが、哲学・数学・天文学が学問の中心であったギリシャの昔に帰って、物語風の生命科学や宇宙科学を教育の中心に据えてはどうかと考えるのである。

その理由は三つある。第1に、否定形は論理としては厳密で迫力があるが、一つの事象に対し、数多くの（多次元的に）否定論理を重ねないと容易に反論も成り立つので結論が出ないか若しくは独断的になる。政治や外交でしばしば見られるが、自分で勝手に土俵を決めて相撲を取っている。否定形論理でなくても抽象的概念で論理を組み立てても同様である。それ故、東洋倫理では仁義礼知信と五つもの徳目を挙げる。華厳では10の世界への投影（10次元の）議論をするという。

第2の理由は、21世紀の生命観・宇宙観は100年、1000年間育んできた生命観・宇宙観の見直しが必要となっていることである。人類文明と地球環境との健全な共生が必要であるが、これまでの生命観・宇宙観での統一は困難で、否定的若しくは抽象的論理では解決がつかないと考えられるからである。

第3に、100万年の進化をあと100年で終わるかもしれない現代人類の危機は、おそらくその危機の招来に無意識に加担した科学をもっと意識的に生命進化の宇宙性の根元に立ち戻す作業が要求されるであろう。それが否定形の論理や抽象的倫理観では人類の意思統一が図れないとなると、残された道は論理の完全性は犠牲にしてでも、肯定的表現の科学寓話を世界中で教育に取り入れるしかないように思われる。

テーマを科学に限らなければ、手本となるそうした寓話的論理の天才として古来ソクラテスと荘子が有名である。ソクラテスと荘子ではまるで違う印象を与えるが、本質的な点では同じと言ってもよいほど似ている。それは言葉では論理的な表現をとってはいるものの、よく見ると三つ以上の要素の作る混沌（カオス）のパラドックス表現を採っており、正否の判定の論理ではなく人の心や宇宙自然の本質の寓話的な表現をしているのである。ソクラテスの思弁をヘーゲルは正反合の弁証法に論理化した。学術のためにはよいが、宇宙やいのちの霊性（宇宙性）とは次元を異にすることとなった。

恵子が「魚でない荘子に魚の泳ぐ楽しさは判らない」とした断定に対し、荘子が「私でない君に私が魚の泳ぐ楽しさが判らないと断定するほど私のことが分かるらしい、それと同じ理由で私には魚の泳ぐ楽しさが分かるのだ」と言った。この肯定的自己言及パラドックスには論理的厳密さはないが、魚とヒトとのＤＮＡの共有ということで生命科学の寓話として大変建設的で、人によっては宗教よりも生きる力を受ける。

同様に、森の木々は水を吸い上げ太陽エネルギーと二酸化炭素で光合成し大量の水蒸気を空気中に放散するが、水蒸気を含んだ大気は対流を発達させるので森には風が起こり、その風が酸素を払い二酸化炭素をもたらして光合成を盛んにする（矢吹機構：矢吹萬壽『風と光合成』農山漁村文化協会）。それが億年続くと二酸化炭素が減って地球が寒くなるが、寒くならないように太陽が進化して二割方増光する。何とも言いようのない科学の寓話である。

海も「塩の指」という魔術を使って対流を抑え、入射した太陽エネルギーが１０００年ほど逃げないように保温して世界の海をほぼ３℃の平均温度にしている。地球はそういった科学の魔法に満ちている。そういう寓話のような科学を初等中等教育に持ち込んで、生きることの意味を自ら体得することも起こり得るようにすることが21世紀の教育に求められている。

（『宇宙』第１２１号「『宇宙』を憶う」第18回、山岡記念文化財団、２００７年）

教育の目的は未来にあり

政治や経済では、通常、現在と将に来たらんとする将来のことが問題で、未だ来たらざる未来のことは考えない。しかし、21世紀となり、社会の変化の時間尺度が急速に短縮した結果、将来と未来が入り交じってきた。原因は、携帯電話など情報機器によるＩＴ革命と地球環境問題とエネルギー問題であろう。

たとえば、ガソリン国会である。ガソリンの値段がリットルあたり道路建設用税金分の25円下がれば、ガソリン利用者ひいては景気の上昇、市民の生括の安定に繋がるという民主党の議論がある。一方、ロンドン市では炭酸ガス排出を60％減らすための方策の一つとして、渋滞税を科し、ロンドン市内の道路を有料化してガソリン消費を減らす制度を実施し始めたという。多分、議論の視点が近い将来に注がれているか未来に注がれているかの違いであろう。

一方、自民を主とする道路建設派の議論にも、将来道路か未来道路かの議論もないし、道路建設の経済効果、労働人口と資本主義自由経済との相関などについての議論もないようである。超多次元の複雑系である政治経済に対する議論を国会などで行うには、問題を単純化し、次元を1次元か2次元に下げて議論して多数決で決める以外にないが、その際に採用する次元の採り方は、従来為されてきた将来次元よりもむしろ未来次元を採用すべきであろう。ただし、未来次元の完全な予測は不可能であるから、失敗をカバーできる体制を同時に考えておくべきである。ガソリン問題に対しては、ロンドン市であればもっと未来次元に立って、民主党とは違った試論をしたであろう。自民党も民主党も全人類的視野に欠けているために、「うつくしい地球を日本から（大木浩）」を洞爺湖サミットでアピールできる惜しいチャンスを逃してしまった。

教育は政治・経済以上に複雑系である。荒っぽく言うと、政治や経済では複雑系に伴う混沌の制御が主たる目的になるが、教育では混沌の制御も必要だが、混沌からの新文化の創造がより重要だからである。

産経新聞（２００８年2月1日）に、日本人の生き甲斐「日本人は49才が最も不幸」という記事が出ていた。英ウォーリック大Ａ・オズワルド教授と米ダートマス大Ｄ・ブランチフラワー教授の共同研究によると、幸福度と年齢に相関関係があり、80ケ国２００万人以上の調査で、40才から50才までの人はそれ以下の若年層や60才以上の高齢層より幸福度が低い、という。オズワルド教授は、「明確な理由はまだ分からない」としながらも、「①中年時代に実現不可能な夢をあきらめる、②高齢者は友人の死を目のあたりにして残りの年月に大きな価値を見出す」という。

教育の目的は、国家社会レベルから個人レベルまでいろいろあるが、「生き甲斐」は、個人レベルでは教育の最重要課題である。

オズワルド教授による中年の失望の説明は、まあ、いいとしても、老年の幸福の説明は今ひとつピンとこない。むしろ、中年の失望は自力による将来への期待感の喪失、老年の幸福は未来に貢献できる期待感の復活と見てはどうであろうか。

現代人に至る動物進化の歴史の中で、すべての動物は子を産まなくなると間もなく死ぬのが通例である。現代人に到り、孫子の世話をやく老婆心が現代人の寿命を延ばしたという説を人類学の人から聞いたことがある。女性の方が男性より長命であることとも矛盾しない。

壮年までは、未来は自分が築くものである。しかし、老年になると夢のある未来を築くには子々孫々に到るジェネレーションに未来を明るくする智慧を伝授すればよいし、さもなくば永遠の宇宙自然の中に陶然と無為で過ごしてもよい。

結論として言えることは、教育においては、将来も大事だが未来はもっと大事だということである。

「教育とは未来の人との話し合いである」（吉川弘之）というのはそのことであろう。

教育が政治、経済以上に複雑系である理由は、国家社会レベルと個人レベルと両者の相関があるだけでなく、個人レベルにおいても能力、人格、生き甲斐とそれらの相関の教育がある点である。高等教育に関しては、能力教育は制度的に、どういう大学を造るかなど国家社会レベルの問題で、個人レベルでは自己の得意とする分野を選択し生き甲斐を増すことが目的となる。

初等中等教育では、国家社会レベルと個人レベルとが多次元的に入り交じる。したがって、問題とする世界を限定しない限り、議論は収束しない。初等中等教育の難しさはそこにある。

産経新聞（2月2日）教育欄の政策大学院大学岡本素教授「モラルは統一できない」は、モラルとルールの二元論的教育論で、非論理的な日本的思考の短所を突いた鋭い議論である。

ルール違反でないのに非難される典型が「高校野球での敬遠への非難」で、ルール違反なのに非難されない典型が「テロである忠臣蔵への賛美」であるという。

憲法のもとで、「良くない行動」とは「ルール違反の行動」のみで、「ルールを守る」教育を徹底すればよい、何でも「モラル・心・意識の問題」にするから「ルール違反」を撲滅できない。「すべての子供に共通して持たせるべき心」があるとすれば、それは「ルールを守ろうとする心」だけである、という。分かりやすい議論であるが、少なくとも3元論的にしないと、いわゆる犬儒思想に陥り、急激な時代の変化に対応できない。

ルールとそれ以外とに2分した点が問題である。

初等教育を論ずるには、モラルとルールという座標軸を採るならば、老荘でいう「道」玉城康四郎のいうダンマといった人為を超えてかつ人為と一体になった理法をもう一つの座標軸に採る必要がある。

高校野球の敬遠や忠臣蔵は、好き嫌いの問題で、ルール違反かどうかという座標軸とは殆ど直交している。逆に、ルールに違反しなければ「道」を無視して何をしてもよいとすると、不運の人を責めて死に追いやったりしても正義であり、スポーツでも反則ぎりぎりのプレーがフェアプレーであったりする。

モラルと「道」とが相関が強すぎるならば、モラルの代わりに未来性を採り、ルールと「道」と未来の幸せを初等教育の3点セットにしてはどうであろうか。教育は超多次元の業であるから、昔は、礼楽射御書数・仁義礼知信、自然環境としては地水火風空の業の修得が大切にされたが、初等教育の目標としてはいささか煩雑に過ぎる。どちらかと言えば西欧的なルール主義と東洋的な「道」または宇宙主義を2軸にとり、初等教育の第3軸は命・時間における未来主義を採るのが至当であろう。

「生きる力」「生き甲斐」は、最近の親殺し子殺し、いじめ、殺人などにも極めて切実な問題である。しかし、地球や人類の未来に対する危機は、逆説的に、短い人生が未来を明るくすることに貢献できる好機を全ての人に提供している。ヘレン・ケラーの教訓は、逆境にある人ほど多くの人に勇気と感動を与えることができることを示している。

（『宇宙』第127号「『宇宙』を憶う」第24回、山岡記念文化財団、2008年）

教育について

教育とは、「いのち」を継承する次世代および子孫のよい生き方を教える行いと言ってよいであろう。「いのち」とは何か、みんな知っているが、誰も正確には答えられない。生命科学の進歩で分かってきたこともあるが、まだ、バクテリアすら合成できない。教育とは何か、その中には、万古不易の部分もあるが、人類の進化によって変わる部分もあり、21世紀になって初めて問題になってきた部分もある。

また、宇宙に直結した部分もあり、社会問題もあり、個人の問題もあり、それらが時間空間的に非線形に相互作用し、超多次元の混沌をなしている。荘子が言うように、混沌は正確に記述できないが、超多次元の法則性があり、進化の法則もその中にある。

教育を複雑系と看做すと、その次元は超高次元である。政治や経済や文化も複雑系であるが、「いのち」の継承の仕方を問題とする教育に比べると、同じく超高次元といっても問題にならないほど低次元である。もっとも、政治や文化の中にも部分集合として教育問題もある。その辺りの事情が混同されることが多いが、常に、大局観と実行案とを持ち、未来の人との対話（富川弘之）をすることが重要である。

30年ほど前であろうか、『天文・地文・人文』（東京書籍）という本を書いたことがある。今もその流れで、地球環境天文学と称して、太陽エネルギー工学のあるべき姿を論じているが、21世紀はサルの目（春田俊郎『続自然界99の謎』）から見ると、以前100万年であった人類の生き方が20年の尺度で変化しているので、何事によらず、物事の時間尺度を考えながら議論を進める必要がある。生死の問題は、教育においても重要なテーマであるが、個人の一生の価値判断には、原罪思想を持つ一神教では最後の審判があり、仏教などには輪廻があるが、共に、個人の寿命より遥かに長い安定した人類社会が背景にある。しかし、今は社会の変化と人の寿命は、タイムスケールが逆転とまではいかなくとも同程度であり、人類は間もなく絶滅するであろうという閉塞感が青少年の教育を困難にしている。

しかし、そうした悲観論は問題毎の時間尺度を無視した視点であり、混沌の創造性、いのちの進化を見落としている。

教育・政治・経済など複雑系の制度改革は、全て、6分のプラスがあっても4分のマイナスがある。殆どの政治家やマスコミの議論は1次元的・短絡的で、かつ、否定論が多い。識者の議論はもう少し精密で多く2次元的であるが、3次元的な議論は少ない。プラスを8分以上にし、マイナスを2分以下にする方法が必ずあるのが複雑系であるが、その改革は3元的以上でなければならない。3元論の哲学的根拠は、古くは老子の「三から万物」や、易の「八(2の3乗)卦」、更には一般3体問題の非定常性、フェルマーの最終定理、最近ではノーベル物理学賞の「6(2×3)種のコークによる対称性の破れ」等あるがその議論は省略する。

「郵政民営化」を例にとると、おそらく100年近く全国津々浦々に同一料金で郵便配達し、郵便貯金や簡易保険などで経済の安定を計る制度であったと思われるが、道路交通事情も良くなり民営運輸事業の発展した現在、グローバル経済の視点からして全国組織の郵政組織は改革が必要になってきた。しかし、民営化には経済の不安定化、生活習慣の変更など4分のマイナスがある。小泉さんは、日米などの国際関係を考えて、民営化を強行した。このままでは、いずれ破綻すると思われたが、小泉さんもそれは知っていたらしく、短期間であとを安倍さんの「美しい日本」再改革に委ねた。4分のマイナスが、地球環境保全の国策を採り入れて、マイナスは2分以下とする意図であった。その間、マスコミに建設的3元的な見解は現れなかった。

昨今問題となっている公務員の「あまくだり」などは、極めて次元の低い問題で、退職公務員の能力の活用と再就職の給与体制の適正化だけの問題である。旧国公立大学定年退官教官に対する私立大学の対応を参考にすれば片づく問題であろう。閑話休題。

教育改革に関しては、「ゆとり教育」を例にとると、その改革の目標は、第1に週休2日制への対応にあったと考えられる。受験戦争の加熱による詰め込み教育の弊害、個性尊重人権尊重の名目での国家や道徳教育への反論は、殆ど次元を異にする問題であるのに、「ゆとり教育」という標語のもとに一体化されたので、プラス2分、マイナス8分の逆転改革となってしまった。週休2日制に対する更なる詰め込み教育の弊害を「総合教育」の活用で除去しようという構想は、教育内容の改革で実現しようとしても先生の教育力に限界があり、失敗例は多いが成功した例は殆どない。土曜学校や塾の活用などで、学力低下を何とか食い止めようとしているのが現状である。

（『宇宙』第129号「『宇宙』を憶う」第26回、山岡記念文化財団、2009年）

科学教育と科学研究の未来——科学研究教育徒然草

1　科学教育の基盤

宇宙・生命・エネルギーと時間について、古く老子の言う「道一を生じ、一二を生じ、二三を生じ、三から万物生ず」という名言があるが、複雑系進化の道筋が21世紀になって、明るい未来を予測できる状態とは言えない。

確かにこの100年の間に、文明のお陰で生活が豊かになり、織田信長の言う「人生50年」が2倍になろうとしている。一方、ホーキングは「文明の発達のために、人類は100年で絶滅する」と言う。多分、贅沢がこうじてエネルギー資源が不足し、その取り合いのための世界核戦争でも意識したのかもしれない。

何はともあれ、天災であれ人災であれ両者の結合であれ、その原因結果の因果関係を明らかにし、その対策を可能な限り考察し広く討議して普及するのが、科学研究と科学教育の大切な役割である。ところで、近未来に予測される地球規模の大問題は、地球環境問題とエネルギー問題、それに両者の関連する天災異常気象であろう。それらが元になって人類の滅亡につながるかもしれないし、逆にそれらの困難を新機軸によって乗り越えることができれば、新人類の進化となるであろう。どうやって、それを可能にするか、様々な人間性の向上が必要であろうが、ドライに言うと、それが科学教育と科学研究の未来の問題である。

科学教育の基盤（老子にいう道から一）としてまず認識すべきは、地球環境の天与の絶妙さであろう。太陽があり、地球があり、月がある。地球は自転もし、公転もし、大量の水を保持して、海がある。太陽や地球の質量、地球や月の軌道半径が違っていたら、今の地球環境はなく、数十億年前の海に原生微生物が繁殖して大気構造を変えなければ、地球大気も火星や金星大気と同じ、二酸化炭素大気のままであったであろう。

次に認識すべき教育基盤（一から二）は、老子に言う「三から万物」複雑系世界の混沌発生の理法であろうか。プラスとマイナス、有用と無用、真と偽は複雑系においては常に同居し、時と共に移り変わっていく。ジャーナリズムの2元論的善悪の論調ではごく短期間にしか通用しない議論が多い。

第3は、ゲーデルの不完全性定理であろうか。「〝述語論理Aは不完全である〟という述語論理をAとし、述語論理の正否を判定する万能コンピュータにかけると、コンピュータは永久に止まることができない」が証明であるが、「〝私はウソつきです〟が正しいとしても誤りだとしても矛盾に陥る」。この論理の裏である肯定形論理に、「〝存在〟は神の属性の一つである。故に、〝神は存在する〟」という、スピノザの神の存在の証明がある。神は完全性の象徴であり、複雑系の進化を扱う科学は宗教とは本質的に異なる。スピノザは科学的センスのある人ではあるが、神の存在の証明は宗教哲学であって科学ではない。逆に、不完全さが最も顕わになっていることが科学の特長である。

老子の言う「三から万物」の万物は複雑系であり、人類生存にとってもプラスとマイナスが常に同居している。特にエネルギーの高いものは、有用であると共に危険でもある。科学教育と科学研究とは共通するところはもちろんあるが、社会的有用性を意識する度合いが違う。

科学研究は真理探究が目的で、有用性は認識の世界での話となる。また、科学と言っても、あまりにも多種多様で、一概に議論するわけにはいかない。ここで問題にする「科学」は主に地球環境科学に限ることにして、その他の宇宙物理学や生命科学、物質科学素粒子物理学など他分野には、それぞれ固有の認識と目的意識があるから、直接関連すること以外には触れないことにする。

2　地球環境問題

話を、最近の地球環境問題に関連して、21世紀、現代の地球科学研究と科学教育の重要課題は何であろうか。知識や社会の変動のタイムスケールを仮に30年とすると、30年前と現在とで科学的認識がどう変わったであろうか、また、30年後にはどう地球環境などの変化が予想されるであろうか。もしそれがホーキング予想のように文明による人類絶滅の予想であるならば、どうすればそれを逆転して、人類が地球環境を永続させる文明を持つことができるであろうか。それがこの論説の研究テーマである。

まず、昨今の台風、地震、異常気象について、考えてみよう。

東日本大震災では、津波によって多くの人命が失われたが、最近の伊豆大島の台風に伴う地滑りでも、フィリピンの大型台風に伴う被害でも多くの人命が失われた。原発事故による放射能障害のみを問題にする人もあるが、関与するエネルギーと次元の大きさに対する評価が非科学的である。

台風は自然現象であるが、その大形化には、地球温暖化の影響があると考えられる。これまで、そんなことを問題にしたことはなかったが、異常気象が続き、台風がこう大型化すると考えてみる必要がある。

太陽光をそれに垂直な平板で受けると、1㎡あたり約1kWのエネルギーであるが、夜と斜め入射と曇り空の影響で、地面が受けるエネルギーは平均的にその1割ないし2割程度ではあるまいか。それも季節により緯度によって異なるが、春分以後は、北半球の熱帯が最も温暖となる。受けた太陽エネルギーの何割かは、月や金星などの輝きに見られるように、反射またはそれに近い形で大気圏外に放出され、残りは地面や海面から吸収されて、生物に適した温暖で水の豊富な地表ができる。

特に、温暖度の高い熱帯の大気中には、熱を運ぶ対流による上昇気流がかなりの範囲にひろがり、これが熱帯性低気圧、台風の卵となる。台風の中心部は対流作用で、周囲より温度が高く密度が低く軽いので上昇気流となり、熱を高層へ運び地表を冷却するが、その過程に注目すべきプロセスが二つある。

一つは水の関与で、水蒸気は高層で雨となり、地上に降って循環し、その熱容量の大きさが地表の冷却に寄与するが、大量の雨は土砂崩れなど水害の原因となることも多い。第2は、竜巻効果で、台風には目があると言われるように、渦巻きをなし、その中心部は遠心力の効果で密度が低くなり、その分軽くなって上昇気流を助ける。

その竜巻運動の回転の角運動量は、地球の自転運動から貰う。上昇気流は地表の高温大気を集めて形成されるが、その際、低緯度の大気ほど地球自転速度が速いので、地球規模の上昇気流は対流源の南北緯度差によって竜巻運動をすることになる。また、竜巻運動による上昇気流の低密度化が浮力となり、上昇気流を促進し、地表温度を酷暑から開放する。竜巻効果は、台風が北上するほど大きくなる。その際様々な2次的、3次的作用が伴う。それらの影響が、人類生存の文明に重大となる。

上昇気流の内でも、赤道に寄り近い低緯度から集めた上昇気流の成分と比較的により高緯度から集めた成分とでは地球自転の速度に差があり、それが上昇気流の竜巻運動の原因であるが、その効果は台風がより高緯度に移動するほど大きくなる。ルシャトリエの法則とでもいうか、これが台風が高緯度へ移動する原因であり、台風の目が顕著になる理由であろう。

そういう見方で、最近の台風の大型化を見ると、この夏以後の大雨などの異常気象や晴雨の入れ替わりの激しい熱帯の天候に似た昨今の天候との関係が疑われる。専門的な科学研究の対象としてもらいたいテーマである。また、台風の竜巻運動のもつ回転の角運動量は分裂して粘性で消滅しない限り、台風の消滅時にかなりプレートに蓄積されるであろうから、地震などの地殻変動の原因となるであろう。

こうした地球自転の回転角運動量輸送の問題は台風に限らず、おそらく、マグマの対流の竜巻運動についてもあり、それが火山の噴火や東日本大震災の大地震や小笠原西之島火山新島形成につながる機構ではないだろうか。また、竜巻運動の地表境界条件として、気象を通じて地球温暖化の影響も無視できないであろうから、そうした科学研究も必要となるであろう。また、この問題には、地球温暖化が大いに関連してくるから、科学教育の問題としても大変重要である。

3　太陽磁気活動

地震や火山の問題はまたあとで議論することにして、ここでは更に太陽磁場活動の問題に注目しよう。

最近の常田佐久博士（ＪＡＸＡ宇宙科学研究所所長）等の「ひので」の観測によれば、太陽磁場活動は現在異常で、享保の飢饉を思わせる磁場活動の低い4重極的な磁場構造をしている。

その影響と二酸化炭素による地球温暖化とが、平均的には偶然にもかなり相殺しているらしいが、時と場所によって荒れた天候の原因となっているようである。太陽一般磁場の異常は10年続くか１００年続くかどう変動するかよく知らないが、それに対応してよい地球環境を守ることができるのは人間しかない。近い将来の科学教育の重要テーマの一つであろう。

地球環境変動の天文学的要因としては、地球が球対称でなく回転楕円体に似た不規則形状であり、自転軸と公転軸のなす角度が太陽や月などの引力の影響で準周期的に変動し、また、自転軸もその北極の位置がグリーンランドやアルプスの高地に近くなり、そこでの永久氷河が地球規模に発展して、太陽光を反射して、氷河期をつくる。それほどの大変動でなくとも、天与の地球環境変動は長年月の間には必ず起こるに相違ない。「ひので」による太陽磁場活動の異常発見は、幸いにも、地球温暖化の時期と重なった感があるが、今後の成り行きが注目される。

「ひので」が見出した太陽一般磁場の異常は、地球環境問題に関連して、いくつかの重要な科学研究テーマと関連する。例えば、北極がグリーンランドの高地に近くなって生じた氷河期と磁場異常がもたらす地球環境とを定量的に比較研究するような科学研究が稔り多いものとなることも期待される。

おそらく、水の物性的変化が大きな役割をするものと思うが、そのあたりの定量的研究が必要である。何故北極の位置が高地になっただけで、地球が氷河に包まれることになるのか、何故太陽磁場異常が飢饉の原因になるのか知りたいものである。科学教育としても、そのあたりの解説が必要であろうが、もっと初等的なお話から始める必要がある。

90歳近い年寄りの経験に基づく感想であるが、宮沢賢治の「グスコーブドリの伝記」などは小中学校の科学教育の参考テキストとして面白いのではないだろうか。確か、東日本大震災にあった岩手県あたりの有能な樵の一家が飢饉続きの年に遭遇する受難の物語であった。両親を失い、妹を人さらいにさらわれたブドリは、やがて火山局につとめ、火山を噴火させて出る炭酸ガスで冷害を止める作業を行い、命を終える。現在の二酸化炭素による地球温暖化の物理を100年前の宮沢賢治が知っていて美しい物語にしたのは驚きという他はない。

ところで、100年前の偉業として記憶に残る話がもう一つある。私の友人の父親山田延男のことである。たしか、イレーヌ・キュリーといったかと思うが、キュリー婦人の娘でノーベル賞の女性がいる。そのノーベル賞実験を殆ど1人でやった日本人男性がいた。それが山田延男である。当時は、放射能の危険性はよく認識されておらず、山田は実験をほとんど完成させたが、放射能障害で身体を悪くして帰国した。私の友人光男がまだ物覚えもない乳飲み子のときであった。科学教育の一環として、このような山田延男の伝記も伝えてはいかがであろうか。

4 地球温暖化問題とエネルギー問題

話を地球温暖化問題にもどすとして、一体何度位の温暖化が地球環境に大きな影響を与えるのであろうか。緯度にもより、季節にもよるであろうが、1000メートル登るごとに気温が10℃程度下がるとすれば、高山の動植物が数百メートル下山した環境に住むことになる。たいしたことはないかもしれないが、人間の場合は、冷暖房の電力だけでも大変である。

しかし、もっと大変なのは、おそらく、台風や地震、異常気象の大型化ではないだろうか。また、それらの他にも、恐竜絶滅の原因になったとされる大隕石や小惑星との衝突も起こり得るであろう。人間だけが地球温暖化の人災やそれらの天災に対処できる能力を持っている。そういった問題を以下に議論し、さらに、科学教育に話を進めてこの論考を終わる予定である。

台風は、地球自転から竜巻運動の角運動量を貰い、北上して竜巻運動を更に強化して、角運動量を日本列島にもたらし、富士山を中心に日本列島を折り曲げ、そのストレスが関東大震災級の大地震を起こす、そんな可能性の御伽話を前にした。

東日本大震災のモデルとして、次に、マグマの竜巻運動、それに伴う火山の噴火と数百年に1度の大地震を考えてみよう。マグマのことは、殆ど何も知らないが、地球中心部の核融合などの原子力のエネルギーが地熱となって地表に現れるが、地殻は輻射を通さず、原子分子の衝突で熱を運ぶ熱伝導も遅いので、地殻自身が熱で溶けて液体に近くなったものがマグマではないだろうか。

とすると、地熱が溜まりすぎると、マグマはより流動的になり、台風と同様に竜巻効果を利用して地上に噴出するであろう。それが火山の起こりで、いったん道ができるとマグマはそれを利用して更に噴出し火山島が形成される、日本列島は何十億年前に形成されたか知らないが、そうした火山島が列をなして形成されたものとすると、マグマ噴出のメカニズムと地震多発のメカニズムが見えるような気がする。

おそらく、マグマの竜巻運動による火山の集積の結果が日本列島形成となり、持ち込んだ角運動量が日本列島を折り曲げたとすれば、原理的には台風の効果と同じでも、地質学的にもより合理的であろう。専門家による定量的研究を期待したい。

最後に、地球環境問題に関連してエネルギー問題に言及して、この論考を終わることとしよう。

電力が文明国のエネルギーの共通通貨の役割をしていると言われるが、東日本大震災以降、日本の原発は停止しており、化石燃料による火力発電が主力となっている。そのため、排出する二酸化炭素による温室効果が原因となって起こる異常気象が問題である。今年の夏の酷暑や大雨の原因は、おそらく、その温室効果と火力発電に伴うヒートアイランド現象にあると考えられる。来年以降もこのままであれば、経済問題を別にしても、熱中症や大雨の被害が心配される。火力発電に代わる簡易集光による太陽熱発電が完成し普及するまでは、やはり、現存の原発を改良して用いるべきであろう。

思うに、戦争の原因は、端的にいえば、衣食住を始めとするエネルギー源の不充足にあるとすると、有限な資源である化石燃料に頼る文明は不健全であり、危険である。その点、太陽熱発電は、理想的と言える。現在普及している太陽光発電パネルも悪くないが、パネル製造のコスト（エネルギー）が高すぎる。平面鏡の張り合わせで、たとえば、16倍集光して溶融塩に吸収させると、直射日光の絶対温度（約300°K）が2倍となり、温度上昇分が発電に利用できるとすると、小面積の太陽熱発電パネルで（太陽光発電パネルと比べて）10倍以上の発電が可能となるであろう。

こうした問題に関心をお持ちの方、関連した工学技術をお持ちの方は、NPO法人東京自由大学へ来て仲間になって下さることを希望する次第である。

（『私達の教育改革通信』第189号、2014年）

第4章　宇宙性

宇宙と宇宙性について

『宇宙は一元の世界にして広大無辺無始無終なり……』に始まる「新教讃詞」と『宇宙の神よ限りなき……』に始まる「新教讃歌」は、以前からずっと『新教壇』の冒頭に掲げられ、山岡萬之助先生の信仰ないし信念のことばとして親しまれてきた。この伝統は『新教壇』が『宇宙』となっても受け継がれるであろうが、この際もう1度その深い意味を考える必要があると思われる。

「宇宙」という「ことば」には、大別して二つの意味がある。一つは「存在」としての宇宙であり、もう一つは宇宙精神あるいは宇宙性といった霊性である。この両者を統一して、「宇宙一体物心一如おのずから悟ることを得べし」とするところに山岡哲学があり、そのキーワードが「宇宙」に他ならない。「新教讃詞」と「新教讃歌」は短い詩篇であるが、「宇宙」ということばが「讃詞」に5回、「讃歌」に4回出てくる。萬之助先生のご子息であり、私にとっては松本高等学校の17年先輩である山岡政明先輩の「新教運動の理念」にも、その辺りの事情が精しい。「大正十三年から終戦の前年まで、哲学と宗教の雑誌『宇宙』の刊行を続け、……」とあり、また「二十一世紀は宗教の時代と言われているが、従来のような科学に背を向けた宗教の復権ではなく、科学が進むことにより宗教的情操が培われるような宗教時代が期待される」とある。いかに萬之助先生が物心一如の『宇宙』に全身全霊の信仰を傾けておられたかがわかる。「宇宙の神を信仰し修練すれば光明世界の実現は明らかなり」、「新教讃詞」末尾の句である。

「存在」としての宇宙については、畏友小柴昌俊さんのノーベル物理学賞など最近の話題がいろいろとあり、いずれ項を改めて述べることにしたいが、ここでは最近時々耳にする「宇宙性」という「ことば」に注目したい。聖書に「はじめにロゴスありき」という有名な一句があるが、この「ロゴス」という「ことば」に似た意味で、宇宙の始まりからの性質を意味する「宇宙性」という「ことば」が使われているようである。例えば、先ごろ東京自由大学の将来を語る座談会で、宗教哲学の鎌田東二さんが、自己と社会とに閉じてしまわないで宇宙性に開くことで自分を創っていくことが自分にとって一番本質的な問題だ、と語った。思えば、エネルギーや環境問題で、人類の先行きに不安を感じている21世紀の開幕にあたり、ビッグバンに象徴される開かれた宇宙の始原性が求められているのが、「宇宙性」が広く語られる理由なのではないだろうか。もしそうだとすると、山岡哲学の「宇宙」は80年前に今日の人類生存の危機を予見して、我々に生きる道を示した救世の思想であったと言うことができる。

この人類始まって以来の未曾有の困難な時代には科学による実在としての宇宙や生命の解明とそれを用いる技術が難局打開の力である。しかし、科学技術は善や美などの人間性には全く盲目であるので「宇宙性」が不可欠である。ただし、逆に、麻原彰晃やウサマ・ビンラディンのように霊性を持っていても宇宙の真理に盲目であると魔界に入ることになる。最近まで気が付かなかったが、萬之助先生の『宇宙』には両者を統一した悟りがある。「宇宙は一元の世界にして広大無辺無始無終なり」「宇宙一体物心一如おのずから悟ることを得べし」「人は万物の霊長として霊智霊能を有し神と感応道交することによって完成す」「科学は宇宙の神秘を開けども究極は求め難くそれは神の世界なり」「宇宙の神を信仰し修練すれば光明世界の実現は明らかなり」は、悟りのことばであろう。私は、神と感応道交したことがないので分からないが、『新教壇』に連載された玉城康四郎『ダンマの顕現』（大蔵出版）に同じようなことが書いてあるから確かであろう。この山岡、玉城両先生が、科学と宗教という反対の入り口から入って同じ世界観、人生観、宇宙観を持ったことは極めて重要である。

『宇宙』の新編集者の高山さんから「宇宙」について書くように言われたとき、気が付いたのはそのことであった。それには、「因縁」とも言える伏線があり、『新教壇』の前編集者であり松本高等学校の同級生でもあった小澤行雄君が、宇宙論や生命科学の最先端に「ダンマの顕現」を見ている玉城先生の著書の『新教壇』への転載許可を求めに私をさそったことなどがあった。前に述べたこととやや矛盾するが、科学と宗教とは「宇宙性」に関しては同根であり、それが先の見えない暗黒の21世紀に光明をもたらすことを約束することになるというのが玉城先生の「未来への前進」である。また、玉城先生も書いておられる宇宙飛行士オレアリーの解脱体験の本を小澤君に勧められて読んだのもその頃のことであった。神に感応道交したことはなくても、宇宙空間から地球を見て神秘体験をする宇宙飛行士に感応道交することなら天文学が専門の私にとっては比較的に容易であった。そうしたいきさつを含めて、次の機会に「宇宙性の感得」について述べることにしたい。

（『宇宙』第１０４号「『宇宙』を憶う」第１回、山岡記念文化財団、２０１３年）

宇宙性とは何か

「宇宙性」という「ことば」を中心に「実在としての宇宙」と「霊性としての宇宙」が合一する世界として山岡萬之助先生の「物心一如」があることを見てきた。素直に自分でその世界に入れる人はそれでよいが、私どもはそうはいかない。友人の1人から『宇宙性』とは何か、はっきりさせよ、と言ってきた。「宇宙性」は、これを識別できるのは心の中の宇宙性しかないので、これを言葉で定義するのは難問である。

G・E・ムーアが名著『プリンキピア・エチカ』で「善」は基本的であるので言葉で定義できないとしたのに似ている。茂木和行さんから聞いたところによると、アリストテレスは人間を定義するのに2足歩行する動物などと言ってジオゲネスに鶏を持ち込んでからかわれたのに懲りて、物事を定義するのに素材と形態と仕様の三者で定義することにしたが、正義心でしか感得できない「正義」を定義するのに大変苦労し、法を破ることなどの不正義の例を挙げ、それらの否定として正義を逐次近似法で定義したという。

「善」とか「正義」とかそれ自体が本質的なことを言葉で定義するには不完全ではあるが否定形でやるしかないようである。この流儀を使えば、「宇宙性」は物欲的な通俗性を排除した宇宙の精神性ということになるであろうか。

萬之助先生はそれを「神」といったが、一神教の神とは違い、むしろスピノザの神に近いように思われる。スピノザは、神はすべての属性を持つ、存在は重要な属性である、よって神は存在するとした。

これは、論理ではなく、「わたしは嘘つきです」という自己言及命題が真としても偽りとしても矛盾に陥るのに似ていて、言葉で言い表せない彼の「宇宙性」への信仰のパラドックス表現とみることができる。この場合、「嘘つき」という自己否定的な言及の代わりに、神の「全能」を用いて肯定文で書く。「全ての集合の集合」の中には、自己を要素として含まない集合も入るので、「全ての」肯定表現は自己矛盾に陥るのと同じである。「神」は存在という属性と共に、「全能」の神は「悪魔性」という属性も持たねばならず、「神」と「悪魔」と同居することになる。

「宇宙性」を識別するのは、スピノザのように神を愛する心の内なる「宇宙性」しかない。自己言及のパラドックスである。数学的には、「述語論理は不完全である」というゲーデルの「不完全性定理」となるが、「最も大事なものは目に見えない」という「小さな王子」の話にあるように、述語論理ではゲーデルのように否定形でしか表現できない。

老子は、車輪の轂《こしき》（軸受け）の穴（無）に車輪の用があることを説いた。車輪を宇宙とすれば「宇宙性」はさしあたり轂の穴ということになろうか。これは述語論理による表現ではなく、モデルによる表現である。述語論理では、それでは論理の不完全さに対する警告の意味しかないのであろうか。

論理の完全さは要求しないが、肯定形でスピノザのような有意義な論理がつくれないだろうか。その問題は後で議論するとして、まずは、論理でない「宇宙性」の宗教的側面を強調した言葉、「霊性」を取り上げてみよう。仏教ではこれを「如来」、キリスト教では「聖霊」と言うようである。

「宇宙性」感得の方法として古くから知られたものに瞑想と座禅がある。ソクラテスはアテナイの町角に佇んで朝から瞑想に耽り、翌朝、太陽に向かって祈りを捧げて立ち去ったという。

玉城康四郎先生はこれを「立禅」と称した。

日本でも、面白い禅の手法が開発されて効果を上げているようである。一つは渋谷正信氏の水中禅、もう一つは福沢喜子さんの香禅気香道、共に人類発生以前多分魚類のような姿をしていたころに発達し、胎児のころにそれを再現した原始の感性を用いて精神集中するところが合理的である。気息を整える気功も同様であろうか。

前の号で、山岡萬之助先生と玉城康四郎先生とは科学と宗教との違う入り口から入って同じ深遠な宇宙性の世界に入って神と感応道交したという意味のことを述べた。宗教で「霊性」という宇宙性に入るのはしばしば聞くが、科学から宇宙性に入るとはどういうことであろうか。「宇宙は無限にして広大無辺無始無終なり」の理屈は頭で理解できてもその境地に達するのは容易でない。役の行者は山にこもり、オレアリーは宇宙空間から地球を見た。科学の側から、萬之助先生を先達にして、その境地に近づく方法はないものだろうか。科学と宗教とはルールが全く違っていて、お互いに交じり合うことはないとするのは、ウィトゲンシュタインの哲学であった。しかし、その交じり合いが何処にあるかを「不完全性定理」の証明法に学び、具体的なモデルを科学の中に見出すことを試みたい。

まず、「不完全性定理」の証明には、述語論理の命題であれば、その真偽を必ず判定できる「ユニバーサルチュウリング計算機」を使って「命題Aは証明できない」という否定的自己言及の命題をAとし、その真偽を確かめる。計算機は、真としても偽としても矛盾に陥るので永久に停止できない。これとよく似た肯定形の表現が「荘子」にある。論理派の恵子と濠水に遊び、「魚が楽しく泳いでいる」と言った。恵子は「君は魚でないから魚の楽しみは分からない」というと、荘子は「君は私でないのに私が魚の楽しみが分からないとなぜ言えるのだ」という。恵子は「君が魚でないことは確かだ。だから、魚の楽しみが分からないことも確かだ」。荘子は「君は私でないのに、私が魚の楽しみが分からないといえるほど私のことが分かるらしい。それと同じ理由で、魚の楽しみが私には分かるのだ」と言った。

両者が譲らなければ、最後の二つの文の繰り返しになり、果てしが無い。今では、魚も人も

90％のＤＮＡを共有しているという科学の知職から、恵子も荘子の正しさに納得できるものと思われる。

（『宇宙』第１０５号「『宇宙』を憶う」第2回、山岡記念文化財団、２００３年）

教養を表現するカテゴリーとして、昔から、礼楽射御書数が言われ、仁義礼知信は人倫、木火土金水や水金地火木土（天海冥）は自然や天文の記述に用いられた。複雑系の表現には5行またはそれ以上の次元を必要とする。

ところが、「いのち」や「宇宙」のように、本質的に無限次元の世界を表すには、上記のような5行表現で近似的に代用するか、どうせ言語表現は不完全（ゲーデル不完全性定理）であるので、いっそのこと老子の言う「三から万物」のもとに帰って、混沌発生の根源である3（性）表現をした方がよくはないかと考える。

低次元の例を挙げれば、道路特定財源としてのガソリン税の可否で争っている政争で、どれだけ民意に迎合できるかが主要な眼目になっていて、国の経済や人類の将来は二の次になっている。制度の改革は、必ずプラスとマイナスがあるから、少なくも（民意、国家経済、人類の将来といった）3次元的な観点で量的なバランスをとる変分原理に基づいた議論が行われるべきである。表題の

感性・理性・悟性

「感性・理性・悟性」は、「いのち」や宇宙について、人と人とが語り合うときの3性と考える。

曾野綾子さんは、どこかの新聞で、国家であったか人柄であったか、3性分類を上手に使って、面白い議論をしていた。「親分と商人と職人」の3性分類で、たしかアメリカと中国は自己中心的親分国家経済国家で、日本は下手な商人国家であり上手な職人国家であるといったような話のようであった。

東京自由大学では、玉城康四郎を後世に伝えることを目的とするゼミの一環として、現在は、魚川祐司さん主導の「大乗起信論」の勉強会を行っている。

大乗起信論は、ブッダの悟りに到るべき道程を感性・理性の世界での悟りを否定するところから始まり、そのためには、衆生と共に悟りに到る「大乗」の起信こそが、ブッダの悟りに到る正道であることを極めて論理的に説いたものである。

仏教では宗派により、個人による修行、念仏、座禅などを論理よりも重視し、あるいは、経典を学び修行と併用することが多い。その点、大乗起信論は学者向き成人向きである。

私事にわたるが、昭和10年頃、ハンセン氏病は殆ど根絶していたが、行き倒れ覚悟で弘法大師と同行2人の四国遍路で、喜捨を各戸毎に求めるお遍路さんに、喜捨を自身の救いとする気風のあった阿波の田舎で、般若心経を諳んじたことがある。まだ、論理的な理性も未熟で、感性と悟性だけで暗記した。

人は、成長期に、DNAが持っていた不要な能力を捨て、生きるのに必要な能力だけを発展させるそうだが、私の仏教理解は未だに般若心経の感性悟性的理解が中心で、大乗起信論の論理性には感心するが常識以上のものではないように思える。

玉城康四郎先生は、「対象的思惟」と対照して「全人格的思惟」で悟りに到る体験を語ったが、晩年はむしろ、「いのちの流れ」として如来思想に傾倒した。

如来はダンマ、プネウマ、聖霊、気、道などいろいろの呼び名があるが、人為も人知の及ばぬ宇宙次元で、神とほぼ同じだが神ほど人為的ではない。神は信仰したりお祈りしたり、時には契約したりできるようであるが、如来は何となく来てくれるだけである。

このまことに分かりにくい如来が誰にでも分かるようになったことを明確に意識した人が玉城康四郎先生で、彼は晩年生命科学・宇宙科学で近年発見された事実に如来を見た。

たった4種のATGC塩基配列が織りなすDNA、RNAの有限の長さがつくる生命の遺伝がいつも全く正常に継続し、時には環境変化に応じて新しい生命の発生もするサムシング・グレートと村上和雄氏が名付けダライラマの共感を得た生命科学の事実は、全ての人に玉城式如来を同感させる。

一方、素粒子論的宇宙論の方は、まだ未熟で、ダークマターの正体もダークエネルギーが何故存在するのかも不明で、万人に如来を実感させるにはほど遠いが、それよりも、もっと身近な地球環境の不思議は数多くあり、玉城式如来は海にも山にも森にも居ることが実感できる。

矢吹萬壽氏が発見した森の神秘〝矢吹機構〟はその一つである。葉緑素は太陽電池とほぼ同じ効率（約10％）で太陽エネルギーを使って光合成するが、残りの80％以上のエネルギーを無駄にはしない。打ち水の原理で、葉が焼けるのを防ぐと同時に大量の水蒸気を大気中に放散し、水蒸気を含んで熱容量の大きくなった大気は断熱膨張しても温度があまり下がらず、対流が加速され、森の上空は風が吹く、その風に乗ってCO_2が葉に運ばれるだけでなく、乱流拡散で葉緑素にCO_2が運ばれる能率が何十倍にもなるという。超ノーベル賞研究「矢吹効果」である。

何十億年の太陽進化で太陽が2割も増光しても、矢吹効果のお陰でCO_2温室効果が減り、生物の生存に適した地球環境が保たれた。何というサムシング・グレートであろうか。

海の魔法もそれに勝るとも劣らない。人類がそれらの秘術を会得して用いれば、100年で化石燃料を浪費して人口を増やした人類でもあと100万年生きられる可能性はある。

太陽や水や海や森の働き、これが如来の来迎というものである。21世紀人類の危機にあって、誰もが理屈抜きで如来を実感できるのである。2500年ほど前、やはり生きるのに困難な時代に、孔子やブッダが現れたように、20世紀末に、山岡萬之助（生命論）、玉城康四郎が日本に現れて如来の化身となり、如来の来迎を説いたのであろう。

（『宇宙』第126号「『宇宙』を憶う」第23回、山岡記念文化財団、2008年）

因果と因縁——玉城康四郎先生を偲ぶ

「親の因果が子に報い」という台詞があるが、因果と因縁は殆ど同じ意味に使うこともあり、また物理学などでは因果は原因と結果の関係であり時間も原因が前にあり結果は後と約束されている。ただし、複雑系においては、結果が原因となった事象に影響して自己再帰的になるので、因果関係が単純でなくなる。

一方、因縁は仏教などの輪廻（時間的に循環する）の思想とも同じ基盤に立つ宗教的色彩の濃い言葉で、物理学に出てくることはない。しかし、上記の台詞は物理学や生物学で使う因果関係がそのまま因縁となる場合であって、人間という不思議な複雑系を考えた場合、因果と因縁とは論理的視点と情緒的視点、科学的視点と宗教的視点、数学的視点と文学的視点といった視点の違いがあるに過ぎないように見える。

近年になって、複雑系という20世紀科学の見方で、因縁と因果、科学と宗教の間に共通の場ができて来たことは注目に値する。その場合、視点の違いは物事を記述する空間を多次元にして表す。しかし、玉城先生にあっては、こうした複雑系科学からの概念的支援無しに、全く宗教的な体験をもとに宇宙論や生命科学の最先端を仏教的宇宙観の中に一体化してしまった。いかにしてそれが行われたのか玉城先生の解説を反芻して、科学の側から力の及ぶ限り探索してみたいものである。実は、その玉城流宇宙観の中に、行き詰まっている述語論理主義の科学や文化の新しい指導理念があると思うからである。

　玉城康四郎先生は、大変好奇心のある方で、好奇心のままに何でも学び何処へでも楽しく出かけられたようである。宇宙に対する好奇心、生命に対する好奇心も桁外れのものがあった。80になってやっと熟したとも言われたが、同時に好奇心は年を取っても少しも衰えないとも言っておられた。その玉城先生においては、どうも科学と宗教とが視点の違いもなく統一された宇宙観を作っており、その点でブッダもイエスも知らなかった新しい宗教哲学が行われていたと言える。それについてもっと突っ込んだ解説ができるとよいのだが、ただ因果と因縁について、玉城先生の因縁図と私の作った絶対矛盾的自己同一の数学モデルに関する玉城先生との文通を話題にして、玉城先生を偲ぶよすが（縁）としたいと思う。

　玉城因縁図は、２年余り前京都フォーラムの時にいただいた。１番下に私があり、その上に父と母、父と母もその上に父の父と母、母の父と母がおり、その調子でどんどん先祖に遡ると、30代前までの先祖は21億４７４８万３６４６人いてそれだけの先祖から今の私があるという図である。30代前の１代だけでは、祖先の数はざっと10億７０００万というわけである。１代を仮に30

年とすると、30代で９００年、９００年前に10億の人がいたかどうかであるが、仮に同じ議論をもう10代遡ると１２００年前には1兆人を超す先祖がいたことになる。

では、玉城因縁図は嘘かというと、そういうわけではない。実は、玉城因縁図には、ちょっとした仕掛けがあって、例えば父方の祖父と母方の祖父か祖母がいとこ同士であったというような場合には、四代前の母方の先祖と父方の先祖とは同一人物であるというわけで、上の計算は数字の上ではそのままでは正しくないのだが、それでは何度か出てくる同一人物を重ね合わせて数字の辻褄を合わせようとすると、玉城因縁図はやたらに穴を開けたり切ったり張ったりして超多次元の折り紙細工になってしまい、見ただけでは何のことやら分からない超多次元フラクタル構造になってしまう。同一人物を重複を許して分かりや

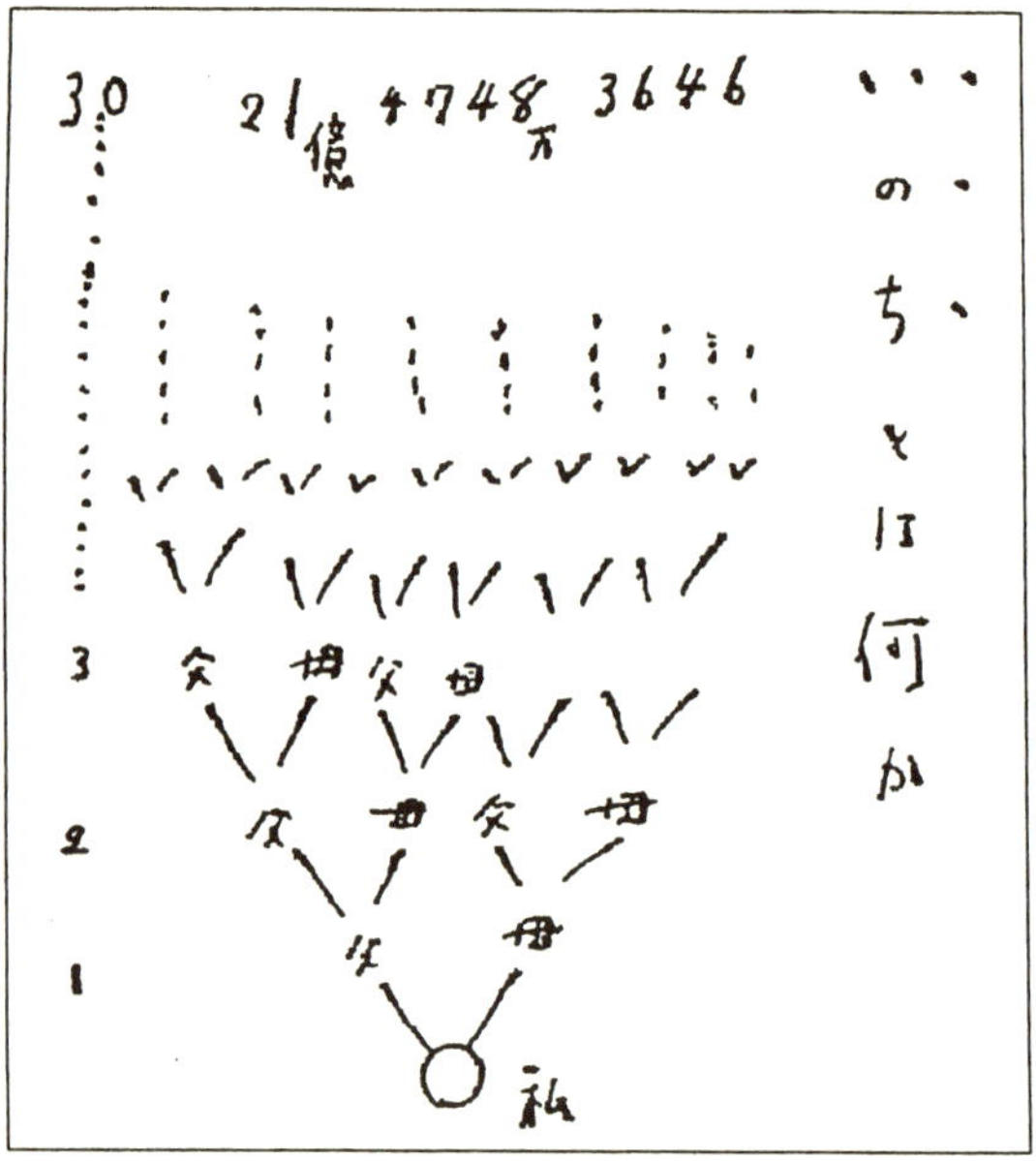

因縁図（玉城原図）

すい形にした表現が玉城因縁図であると言える。

複雑な力学系を記述する場合は、多次元空間の中に平面を置き、粒子の運動がそこを通過するごとにその場所をマークして、いわゆる、ポアンカレ・マップというのを作って系の性質を見やすくする。目的に応じて面を自由に選べば、系の振る舞いが詳細にわかる仕掛けである。玉城因縁図は先祖子孫関係のポアンカレ・マップなのである。即ち、何代か前の血縁が親近感となって夫婦になったり、民族を形成したりといったような因縁がこの因縁図から読み取ることもできる。しかしながら、表面に現れた形式だけを見る限り、玉城因縁図は数学的構造の表現で、因縁図というよりはむしろ因果図である。因果図をもって因縁の端倪すべからざることを分かりやすく説いたのが玉城流に他ならない。

因縁図とともに、解脱の道筋らしきものが描いてある解脱図も頂いたがよく理解していないので割愛する。オウムの村井秀夫の描いた図教（中沢新一・オウム真理教の深層、青土社）等と比較すれば、宗教心理の研究対象として有意義かと思われる。

ソウル大玄正峻教授退官記念シンポジウムで、宇宙論に関連して、何故有限の人間に無限の宇宙が分かるのか、生命を合成できるか、コンピュータは創造することができるようになるかということを問題にしたことがある。curiosity と empathy と— logic の相互支援で循環的に知性の宇宙モデルを発展させることが必要だという議論（cosmology, Epistemology, and Chaos, Publ, Korean Astronom, Soc, 7,1,1992）であった。その中で西田哲学のキーワードである絶対矛盾的自己同一の数学モデルを作り、知性のカオス的発展の仕組を論じ同時に絶対矛盾的自己同一が健全な概念であることを証明した。

玉城先生の話を京都フォーラムで聞いて、あるいは先生が関心を持たれるかもしれないと思い、静かな湖に小石を投げ込む気持ちでその論文を玉城先生に送ったところ、いきなり竜が現れて、科学者は解脱せよとの驚天動地のお達しがあった。どうやらその論文が気に入って、いくらか見込みのある奴と思われたらしく、何通かのお手紙と宗教論の論説とを送ってこられ議論を吹っかけて来られた。

端的に言えば、因縁というものは絶対矛盾的自己同一モデルのフラクタル構造で表されるような浅薄なものではない、ということであった。つまり、仏縁というのは、遊女がたわむれに比丘尼の衣を着た因縁で何世かの輪廻の末阿羅漢となったという蓮華色の霊が示すように、オウムの麻原も教団を作り修行した仏縁により何世かの無限地獄を経て望み通り最終解脱者になるというわけで、数学モデルなどというケチなもので表される道理はないということである。ちょっと、常識的な人間には考えつかない広大無辺な雄大な思想であった。

それに対する、私の反論は因縁にはある種の価値観が内在しているが、その価値観を完全に取り去って純粋に原因結果の関係の骨組みだけを問題にするのが因果関係で、逆に因果関係が十分明らかにされないと万人に分かる内容に到達できないというものであった。私の反論は、それなりに理解して頂けたようで（または、話にならない奴とあきらめた?）、玉城先生も来世は数学者になりたいと思っているという話もされた。ついでに言うと、奥様のお話では、「玉城は本当に来世の生まれ変わりを信じていました」そうである。絶対矛盾的自己同一の数学モデルというのは、面積無限大の点を作る作り方の話で、大変簡単な概念オモチャのようなものである。

まず、断面積が正方形の針の束を考える。針の1本1本を縦横高さがすべて半分の針四本に置き換えると、針束の全表面積は元の針束と等しい。この1本の針を四本の細く短い針に置き換える操作は何回やっても全表面積は変わらないが、高さ方向の厚みはどんどん薄くなり紙状になる。今度は、1本を4本に置き換える時、断面の1辺は半分よりほんの少し小さく、高さは前よりは小さいが半分よりかなり大きく（たとえば0・7倍に）すると、針束の横方向の全断面積は小さくなるが、全表面積は前より何割か大きくなる。この操作を無限回やると、全断面積と高さは無限小で、見かけは広がりゼロの点になるが、全表面積は無限大となる。

かくして、面積無限大の点ができ、概念的には矛盾であるが、合理的に作ることができるので本当の矛盾ではなく、人間の考えた点という大変便利な概念が広がりを持たないものという定義だけでは不完全であることを示しているのである。

それでは、このモデルで何が分かったかというと、一つには絶対矛盾的自己同一という概念は健全な概念でモデルが作れること、点に無限大の面積を持たせるには2次元の計量である面積に高さ方向という第3の次元の導入が必要なこと、横方向は一方的に縮小であるのに高さ方向で成長モードを採用したことの二つ（モデルの作成を入れると三つ）が重要であることである。

ゲーデルが不完全性定理で証明したように、述語論理というものは哲学や宗教など普遍的真実を追究しようとする場合には不完全なので、絶対矛盾的自己同一とか色即是空空即是色とか一見論理的に矛盾した表現をとることになる。しかし、これでは分かる人には分かっても、民族習慣宗教等の違う人には分からない（数学モデルなら分かる）。

一方、エネルギー問題、環境問題、人口問題で存亡の危機にある地球と人類にとって、玉城先生の説くような、宇宙の始まりのビッグバンや他の生き物を殺す免疫も蛆虫のような業熟体としての人間もすべて如来ダンマの顕現であり、広大無辺な仏の因縁の顕現とする科学も宗教も一つにした宇宙観が何よりも必要である。

つまり、50年後の世界戦争、2000年後の生物絶滅を止めるのは、一神教的な契約思想、権利義務、効率、競争原理、市場原理といった述語論理やそれと一体となった科学や技術では行き詰まってしまい、地球や生命の自然との共生の生活感情の根底をなす指導理念としての宇宙観が述語論理や科学技術を駆動していかなくてはどうしようもない。宇宙の全てをダンマの顕現とする、これまでの科学の視点とは別の次元の成長モード（玉城モード）を不退転の決意で採択し、その大局観の中で成長モードを動かしている因果の理法を技術開発していかねばならない。

因縁図と因果図とは共に自己言及のパラドックスでつながったカオス構造をしており、世界の人に理解できる構造として力学系理論やカオス解析の技術が開発されている。

通常宗教家は科学技術に無関心な人が多いが、玉城先生は異常なほどの好奇心で科学をダンマの顕現の中に取り込んでおられた。玉城康四郎先生は20世紀が最後に生んだ聖者というべきであろうか。

（『宇宙』第１３２号「『宇宙』を憶う」第29回、山岡記念文化財団、２０１０年）

平成の3如来——山岡萬之助

平成の危機には、平成の如来様のご加護が必要である。今の時代に如来様としての力を持つ人は、生前菩薩として八面六臂の衆生済度の生涯を送り、死して後、なおその働きが輝いている人である。何時の時代何処の国にもそんな如来様が人々を守っていたであろうが、私たちの周辺にも平成の如来様がいる。私たちもそんな如来様に倣って一日一日を有意義に過ごしたいものである。私にとっての「平成の3如来」は、山岡萬之助、玉城康四郎、樋口和博の御三方である。

山岡萬之助如来　山岡記念文化財団　季刊『宇宙』に日本大学名誉総長の肩書きで巻頭言があるが、(昭和31年6月)、同様な趣旨の「宇宙讃詞」という詩文がある。

宇宙讃詞：

宇宙は一元の世界にして　広大無辺無始無終なり
銀河の星は燦然と輝けど　無限なる宇宙の一部なり
太陽は遊星に慈光を放ち　昼夜と季節の変化を与う

諸星は整然として　自転公転瞬時も止まることなし　万物を構成する極微の原子は　陽子を中心に回転する電子なり　原子核を変化すれば勢力を生じ　勢力変じてまた物に転化す
宇宙一体物心一如　おのずから悟ることを得べし
天地自然の妙理　讃嘆おくところを知らず
宇宙の神は大霊にして　全智全能融通無碍なり
普く光被して偏することなく
万有はこの摂理によって生成発展す
人は神の流れにして　神霊の加護により心身を保有す　人は万物の霊長として霊智霊能を有し神と感応道交することによって完成す　人は神によって生命を享け　神の正法に従って生存す
神の正法に応ずれば幸福にして　永遠の生命を享け　神の正法に反すれば苦悩を生ず　科学は宇宙の神秘を開けども　究極は求め難くそは神の世界なり　宇宙の神を信仰し修練すれば　光明世界の実現は明らかなり。

山岡萬之助は明治9年4月長野県諏訪郡湊村（現岡谷市）に生まれた。明治29年単身上京、一念発起して日本法律学校（後の日本大学）で苦学、六法全書も丸暗記したという。明治32年司法試験に合格、司法官試補、明治34年判事検事試験に合格、以後、東京区裁判所判事、東京地方裁判所判事、東京地方裁判所検事、東京控訴審検事を歴任。その間、明治39年から3年余、ドイツ留学、ミュンヘン、ライプチヒ、ベルリン大学で研究、ライプチヒ大よりドクトル・ユリス（法博）

の学位を得た。しかし、彼の知識欲は止まるところを知らず、哲学特に宗教哲学および物理学（自然哲学）に傾倒した。物心一如の「宇宙の大理」を世界中の人の言葉で明らかにしよう、という意図で、総長として関東大震災後の日大を復興し、その後の大発展を指導し、現在も『宇宙』を発行している山岡記念文化財団を創設し、日本文化に大きな貢献をした。

法学から出発した山岡萬之助の哲学は、「新教壇」として宗教的実践哲学を組織した。これが一神教などと違う点は、神でなく「宇宙」が信仰（?）の対象であり、バイブルや神学でなく素粒子論宇宙論など最先端の物理学が宇宙観を形成している点である。一神教的「神」が不在の点は東洋的であり、しいて類似した超越神を探すなら、居るか居ないか分からないがただ有難くみんなを護って下さっている如来様に対する信仰とでも考える他ない。機関紙も一時『新教壇』であったが、現在はもとの『宇宙』に戻っており、教団も「財団法人：山岡記念文化財団」となっている。

生前、菩薩として人々のために阿修羅のごとき大活躍をした人が、没後なお私たちのために大きな働きをして護って下さっている人を如来とするなら、エネルギー問題・地球環境問題・生存問題の三重苦に苦しむ21世紀救済の如来の第1に山岡萬之助先生にご登場をお願いしたいと考える。如来（タタガータ）は、時代と共に人類の進化と共に、少しずつ姿が違ってくるであろうが、幸いなことに少なくとも私にとって、平成の3如来というべき人がいる。山岡萬之助如来に続いて、樋口和博、玉城康四郎の御二方である。

（『私達の教育改革通信』第１５９号、２０１１年）

平成の3如来——玉城康四郎

玉城先生が亡くなられてから十何年になるだろうか。玉城先生を知る人は多い。仏教の講座をNHKのラジオでされたこともあり、『ダンマの顕現』など著書も多く、自宅でも座禅会をしたが、何よりも東大教授退官後も東北大、日本大学初め多くの大学等での名講義で有名であった。10分間の黙想で始まる講義では、私語する者もなかったという。

私が玉城先生と知り合ったのは、京都フォーラムで「蓮華尼の仏縁」の講和を聞いた時に始まる。〝蓮華尼は前前世で遊女であったが、ある日戯れに袈裟を着た仏縁によって、いったん地獄へ落ちたが前世で尼僧として甦り、美貌を誇ったふしだらでまた地獄へ落ちたが、前世で尼僧となった仏縁でこの世に高徳の尼僧蓮華尼となって輪廻した〟という、玉城先生は輪廻の思想を強く守っていた。

思うに、輪廻という思想は仏陀が、人を含め生きとし生けるものすべてが安心立命する倫理として導入したものであろう。この思想を不合理として受け入れない強い人や絶対神の最後の審判を信ずる人はもちろんそれでよい。しかし、輪廻を信じて安心して善行に生きる人の心を勇気づけるのが、仏陀の本意であり、今は如来となっている玉城菩薩の行であった。

玉城先生はむしろ不器用な人であった。熊本の中学生時代はどもって挨拶もうまくできず、新任の先生に誤解されそうになったとき、同級の親友（後の劇作家）木下順二さんに助けてもらったという話があり、安保反対か何かの東大紛争の時は文学部長であったが、暴力学生に階段から落とされて怪我をしたとのことであった。

当時、私は各学部からタフな教授を1名ずつ集めて作った学寮委員（委員長：三ヶ月章教授、後の法務大臣）に理学部から選ばれ、棍棒や石を持った学生にも「君、何でそんな物持っているの」と平気でお説教していたので、情けない学部長も居るものだ、くらいに思っていたが、それが玉城先生であったことを京都フォーラムの時に初めて知った。家が近かったこともあって、それから度々お会いする機会があり、著書なども頂き親交を深めた。

玉城哲学の根底は仏教哲学であるが、そこからはみ出した広い視野が広がっているところにその特色がある。ここに玉城先生のお手紙がある。亡くなられる半年ほど前に下さった私信で、孫の健太郎とお宅を訪問することのお許しのついでに、私の数理哲学の論説に関連して書かれたお手紙である。

「お便りしようと思っていた矢先に、朝日新聞の夕刊に、ロジャー・ペンローズの紹介記事を見て、びっくりしました。(『心は量子で語れるか』講談社)『物理学は人間の意識に深く関わっている、人間の意識が成り立つためにはプランクの定数が人間の神経細胞に直接かかわっている』という。私は以前から禅定においては10^{-34}cm：10^{-44}secのゆらぎに似たものが起こっていることを書いたり、云ったりしてきました。そしてこのなかにゲーデルの不完全性定理が関わっており、また哲学者としてこの問題に気づいたのはカントだけだと思います。（仏教からよく分る、しかし哲学者（内も外も）はカントがこれに気づいているということに誰も気づいてはいない。）」

「今日の問題になっている子供の心もこれに関わっていると思う。それは心の究極的矛盾、人間そのものの究極的矛盾、だから悪魔の世界へとなだれうっていくか、解脱が噴出してくるか：（目下、疲れ果てています）そうしたことをいずれじっくり話し語り合いたいと思います。」（5月27日）

それより少し前、「絶対矛盾的自己同一の幾何学モデル」というのを作って玉城先生に説明したことがある。ピラミッドを4つ切りにして高さを半分の子ピラミッドを4つ造るとその全表面積は元の親ピラミッドの表面積に等しい。これを無限回繰り返すと、ケシ粒のようなピラミッドの敷物ができるが、その全表面積は元の親ピラミッドと等しい。今度は、子ピラミッドの高さを半分でなく7割とし、横も半分より少しずつ小さくすれば、全表面積は無限大、全体積はゼロの点、無限に尖っているが体積ゼロ高さゼロの針の集合ができる。その全表面積は無限大となる。表面に字を書いて情報を載せたとすると、情報量は無限大となる。体積ゼロ、表面積無限大ということで、絶対矛盾的自己同一のモデルとしたが、無限大とまでいかなくても、皺の多い人間の脳のモデルの原理ではないかと考える。

こんな話を玉城先生にしたことがあり、人の思考はそんな単純なもんじゃあない、と言われたが、「命、地球（自然）、時間」の織りなす複雑系は、言葉で論理的には不完全にしか表現できず、表面積無限大体積ゼロの点と言った次元を超えた思考の論理が必要であることは認めて貰えた。一般に、政治やジャーナリズムで行われている論理は、肯定か否定かの二元論が殆どであるが、これに反して、プランク定数的不確定性（R・ペンローズ『心は量子で語れるか』に関連した議論）を禅定の中に実感する玉城哲学の論理は遥かに超多次元的である。

私が勝手に理解した玉城哲学の中心思想は、すべての存在、生命、宇宙を守り育てる如来蔵（ダンマ、タターガタ）で、中国では古代から「氣」（空気、元気、気象……）、サンスクリットで「タターガタ」、中近東から西欧では「プネウマ」（聖霊）と言ったらしい。「神に逆らっても聖霊に逆らうべからず」と古い『旧約』にあるそうだが、その聖霊で、人為的に分化すると天使と悪魔となり、智恵の木の実を食べさせたルシフェルもこれだという。

日本の神もこれにやや近いが、もっと自然そのものといった感じで、イスラムのアラーや一神教の神のように万能でも支配者的でもない。

余談になるが、13年ほど前のある日、玉城先生に電話して「サンスクリットで如来をどう言いますか」と聞こうとしたら、奥様が出られて「亡くなりました」一両日前内々で密葬を済まされたという。聞けば、輪廻のお心で「ひとに報せなくもよい」と安らかに逝かれたとのことであった。どうしたらよいか分からぬまま、取り敢えず、中学時代からの親友木下順二さんにお知らせしたが、これが外へ報せが出た初めであったらしい。また、この通報がご縁となって何人もの友人知人ができた。今も続いているＮＰＯ東京自由大学の仏道探求ゼミなども、元は玉城先生を偲ぶ会から出発したものである。

生きている間は、人々の救済に獅子奮迅の働きをした菩薩が亡くなってなお人々を守っている菩薩のことを如来というと定義すれば、玉城康四郎先生はエネルギー問題・地球環境問題・核戦争問題での21世紀人類生存の危機から世界を護る平成の３如来の御一方と言うべきである。南無玉城康四郎如来、21世紀人類生存の危機から人々と未来世代を護り給え！

（『宇宙』第１４２号「『宇宙』を憶う」第39回、山岡記念文化財団、２０１２年）

平成の3如来——樋口和博

阿修羅のごとく、衆生のために八面六臂の活動を続けた樋口和博菩薩は、平成21年2月7日満99歳で亡くなられ、今は、更に高い次元の如来（タターガタ）となって私たちを導いている。『峠の落し文』は、樋口菩薩の随筆の一つで、昭和62年に初版を出しているが、平成16年に再販され、私も松高剣友会で会長の樋口さんから1冊頂いた覚えがある。

「言葉の重さ」は、巻頭の一文であるが、「法」とか「裁判」とか、ゲーデルの「不完全性定理」にいう述語論理の不完全さから言って、不完全な「法律」に縛られて行う裁判などは、社会の平和を守る必要悪に過ぎないと思っていた私にとって、もっと高次元な如来心とでも言うべき人生観を、「法」を道具として、言葉で達成していく樋口流もあることに一驚した。

また、私事で恐縮だが、玉城康四郎如来の説く「仏縁」を感じざるを得ない「肩書」という一節がある。「私の友人Xさんは、前科十六犯という前歴があり、少年時代から約四十年間を刑務所で過ごし、最後に網走刑務所から出所したという肩書きの持ち主である」に始まり、Kさんと親しくなった経緯が述べられている。驚いたことに、そこに登場する人物が殆ど、昔（昭和17年？）松本高校時代にお世話になった恩師、恩人であることであった。

「山が好きな正さんは、日本アルプス登山のため信州に来て、塩尻駅で列車を待つ間、ベンチに腰掛けてうとうとしていたが、列車が着いたので急いで荷物を持って乗車すると、その荷物が他人のものであった。自分の荷物でないことに気づいたときは、すでにお巡りさんが駆けつけて交番に連行された。置き引き犯罪の嫌疑である。指紋照合の結果、なんと彼が窃盗強盗のなど十六犯の前科持ちのしたたか者であることが判明し、その『肩書』の故に本人がうっかりして間違えたことをいかに弁解しても一切聞き入れてもらえず、そのまま拘置されて厳重な取調べを受けた。彼は自分が働いている寺に迷惑のかかることを恐れて、最初から住所を隠していたが、しぶしぶながら、静岡県三島市の龍沢寺の寺男であるとの申し立てをした。同寺に確かめてみると、まさにその寺に何年も働いており、犯罪者から立派に立ち直った真面目な老人で、このたびも日本アルプスに登山中の筈である、との回答であった。急速、同寺の山本玄峰老師、中川宋淵師などから池田学長先生に連絡があり、池田さん自ら警察に貰い下げに出かけた。ところが、この老人『間違えたとはいえ、処罰を受けたい。私をここまでに叩きなおしてくださった玄峰老師にあわせるかおがないから、どうぞ刑務所に送ってください』といって、がんとして断食と座禅を続けて動かなかった。そこで池田さんが身柄引受人となり、説得して、ようやく出所した。その貰い下げの帰り道、私のところに立ち寄ったのであった」とある。

当時の信州大学学長池田雄一郎先生は、私の松本高校時代には理乙2組クラス担任で、魚魯（ギョロ）という渾名の生物学の教授で、よく先生の自宅に遊びにいった。その池田先生と樋口先輩とが〝親しい友人〟であったことは、知らなかったが、おそらく、ほぼ同年輩のご両人が、愛する松高の悪ガキどもの裁判沙汰などで交流があったことは想像に難くない。私は、魚魯先生の口利で、夏休みに、親友の（故）木村正文君と二人で、龍沢寺へ座禅の修行に行った。その時の導師が、東大印度哲学を出て間もない若き日の（昭和の名僧）中川宋淵師であった。寺男のK老人と会った記憶は無いが、まだ網走に服役中であったのかもしれない。玄峰老師については、紀ノ川の筏流しをしていたことや敗戦時の昭和天皇の精神的補佐役をしたことなど、あまりにも逸話が多いが、私たちは、宋淵さんの計らいで、ケガの治療で修善寺に来ていた老師のところへ行ったのはよいが、何も心の修行となるようなお話も聴かず、ただ、お風呂に一緒に入って背中を流して差し上げただけで、ニコニコしたご老人とお別れしてしまった。ところがそれが大変役に立った後日談もあるのだが、省略する。

K老人と樋口さんとの交友は、樋口さんが東京の裁判所に転勤になった後も長く続いた。自分を拾ってくれた玄峰老師同様の人柄の大きさを樋口さんに感じて、身の上話を聞いてもらうために、樋口さんの自宅へ行ったのが始まりであった。樋口邸では、お風呂に入れてもらって、夕食を共にし、「食事が終わると長い苦難の生涯をぽつりぽつりと語り出した」（中略）「『あの寺で玄峰老師によるお世話を受けて、はじめていくらか人間らしくなりました』というのが、彼の結論であった。七十歳を越えた彼には、修行に励んだ老僧に似た姿がうかがわれ、食事をする時の態度、彼の懺悔の話し振り、今日では誰一人憎むことも恨むこともなく、ひたすらに仏に仕える彼をそこに見たのである」（中略）「彼は最後には八十を越え、老齢のため、何より好きな日本アルプス登山もできなくなり、私の家に来た時も、もはや早朝の作務もできないほど衰えていた。私達はお互いに別れの近いことを感じた。いつも泊まる部屋には私が大事にしていた木彫りの無我童子があり、それを拝むのを何より楽しみにしていることを知っていた私は、彼が最後に私の家を去ってゆくとき、記念にその木彫りを差し上げた。彼は涙を流して喜び、「本当にうれしいことです、大事にして拝んでゆきます」と言って抱きかかえていった。

私は心の中で密かに彼との別れを惜しみながら、背を丸めて去っていくその後姿を見送った。その後、寺男としての仕事も無理となり、友人の家に世話になり、生活保護を受けながら、無我童子と共に静かにその生涯を閉じたのである。」

こんな調子の感動的な話が20篇あまり続くのだが、特に印象に残った数編の表題のみ列挙する。関心のある方は何とかして古本を手に入れて、あるいは図書館などで、読んでいただくことを念願する。特に、裁判員制度の理想の姿を願うひとにとっては、まさに、『峠の落し文』は必読の書である。

「ハンチング」ヤミ屋の超大ボスに間違えられた樋口さんの武勇伝兼人情話。「M少年のこと」親からも見離された悪ガキが、初めて信頼された驚きで、真人間に帰る物語。「特攻精神のゆくえ」

軍人勅諭そのままの家に生まれ、志願した特攻隊員の生き残りで、父は戦死、母と姉妹は父の言いつけどおり空襲で焼かれる家を守って死んだ若者が、窃盗犯で逮捕された裁判で〝刑務所から出てからの私は一体何を頼りに、何を目標に生きていったらよいのでしょうか、どうかそれを教えてください。裁判長！　お願いします〟両頬からポロポロと落ちる涙を拭おうともせずに立ちつくしていた。閉廷を宣して、彼を自室に導き入れ、黙ったまま手を握ると、彼は、両手で私の手にしがみつきながら、おんおんと声を立てて泣いた。君の人生はまだ長い、じっくり静かに自分が生きていく道を自分で考えてくれたまえ」と、私も涙の湧いてくるのをどうすることもできなかった。

こんな調子で書いていくと、全編を紹介することになるので、菩薩としての武勇伝はこの辺で止めることにするが、如来としての働きは、裁判員制度の理想的な運営を見守る大きな役割を初めとして、どんなに生きるのが苦しい社会になっても、如来心を失わない強さを教えてくれる強靭さである。南無樋口和博如来！

（『宇宙』第１４３号「『宇宙』を憶う」第40回、山岡記念文化財団、２０１２年）

知性の時代――21世紀日本文化の方向を探る

はじめに

世界は今、21世紀に向かって激動の時代にある。この数年を見ても、ゴルバチョフのペレストロイカに始まり、東欧諸国の政治形態の変動、湾岸戦争があり、しかもこれらはまだ本当の終結にはほど遠い状態である。

一体、世界はどこへ向かって変動しているのであろうか。また、その変動の原因はどこにあるのであろうか。我々は今何をなすべきであり、何をなすべきでないのであろうか。それに応えるべき知性を我々は持っているのだろうか。もし、それが十分でないとしたならば、それをどうやって作ればよいのであろうか。避けて通れない緊急の課題が山積しているように思われてならない。

地球はますます狭くなり、日本が生き残る道も世界と共に新時代を創造していく道以外にない。

日本に知性がないという外からの声もあると聞くが、これは世界が日本に対して持っている期待の声でもある。我々はいま、日本文化を土台として東洋哲学と科学哲学を統一的に発展させ、それによって世界に通用する新時代の知性の創造を成し遂げなければならない。その方向を探るのがこの小論の目的である。

一　国際変動の力学

変動の時代の知性は、変動の力学を知らなくてはならない。幸いにして、変動の力学は変動の時代に合わせたかのように、この十数年の間に新しい展開を見せた。そのことに注意を喚起することが、この小論の目的の一つでもあるので、最近の国際変動を例に変動の力学構造を考えることにしよう。

力学系理論などというものを、政治経済はたまた哲学宗教にまでもあてはめることに多くの人は疑問を持つであろう。しかし、正面からその疑問に答える代わりに、まず力学系理論で知られた定理のようなものを三つほど述べておこう。第1に、三つ以上の変動要因が結合すると、系はカオスな変動をする。要因が二つでは、たかだか極限軌道と呼ばれる周期的な変動となる。第2に、物事をきちんと議論するためには、D次元のカオス的変動は2Dプラス1次元の空間に変動の軌道を埋め込んで解析する必要がある。第3に、カオス的変動では、始めの小差が指数関数的に拡大する。即ち、初期の小さな努力が大きな成果を生む。かくて万物は流転する、カオスとはその流転のことである。

第1と第3の点は文字どおりの意味であるが、第2の点は少し説明を要するかもしれない。点は零次元、線は1次元、面は2次元であるが、1次元の線上の点の位置を識別するには、その線が真直ぐならば物差しをあてればよい。しかし、その線がこんがらかった糸の場合、3次元空間の三つの座標を糸に沿って計っていかなくてはならない。紙の上への投影では交差点ができて、どちらへ進むのか分からなくなってしまう。この事情を一般化したものが第2の定理に他ならない。即ち、幾つもの要因がこんがらかった問題をきちんと整理するには、その要因の数の2倍ほど次元を高めた見地で見なければならないということである。軌道がはっきりしているときには要因の数と同じ次元でよい。

さて、国際情勢であるが、湾岸戦争前はゴルバチョフを中心に動いていた。ゴルバチョフが政治改革に乗り出さざるを得なかった理由としては、ある人は世界的な情報化をあげ、ある人は計画経済の行きずまりをあげ、またある人は教条主義的な官僚主義をあげる。これらはいずれも正しい見方であるが、その根底にはさらに根本的な理由があるように思われる。それは端的に言えば、地球が狭くなったということであるが、もし変動がD次元で動いているものならば、線形の見通しのきく局所でもD次元の、もっと混み入った場合には2Dプラス1次元の表現をしないと本当ではない。地球が狭くなったことの具体的かつ根源的な問題点としては、人口爆発・エネルギーの枯渇・それに環境破壊という21世紀の3難問が挙げられよう。これらは地球規模の全人類的な問題であり、相乗的に結合している問題なので、定理1によってなんらかの大変動が起こらざるを得ないと予想できる。その皺寄せがまず教条主義的官僚主義的統制経済の弱点を抱えたソ連に吹き出したものと見るべきである。サダム・フセインの場合は、軍と宗教とをバックにした独裁者の暴挙という古い形の国際紛争とも見られるが、実は問題としては人口問題と同じ基盤にたつアラブ対イスラエルまたは西欧との間の民族問題と、石油が何時かは無くなるという将来の不安とがその根底にある。サダム・フセインは、ゴルバチョフと同じく世界を改革できるチャンスに立ちながら、彼自身の哲学の次元の低さゆえに、一切を無駄にし、人命損傷と環境破壊とを遺すのみに終わってしまった。

ペレストロイカは絶望の選択肢との見方もあるが、対岸の火事と思っていると間もなく世界中に火が付くことを忘れてはなるまい。ソ連の場合は、無謬の共産党の一党独裁ということが命取りになった。党と軍の2元では社会形態の進化は起こらない。優秀な官僚の設計した理想的な統制経済は、企業内企業家といった個人やプロジェクトチームを内在した企業のように、階層性があり階層間の相互作用を持ついわば生物のように動く自由経済に負けてしまった。自由経済は資本主義のうえに、独占禁止や福祉などの社会主義を取り込んで進化していたのである。ソ連を建て直すためにゴルバチョフが提案したペレストロイカは教条主義的官僚体制の刷新であるが、グラスノスチと市場経済即ち自由主義と資本主義を社会主義と結合させることが不可欠となっていた。これが成功するか否か、ゴルバチョフ自身おそらく予測がついていなかったが、これが正しい方向でありこれ以外に方法はないという自覚が彼を支えていた。外に世界化（グローバリゼーション）、内に主体的個人と全体との間のネットワーク作りを可能にする自由化がキーポイントである。しかし、市場経済は思うように進まず、グラスノスチは民族主義に矮小化してソ連は分解してしまった。ぬえやスフィンクスのようなキメラ状になったロシアは、現在ほぼエリツィンの独裁下にあるように見えるが、一方、日本との関係は未開拓であり、日ロ関係はある意味では彼の改革の最後の切札である。

かつて私は、日本はゴルバチョフという世紀の革命家がまだ生命力を持っている間に彼に活躍の場を与えることにより、世界の新しいネットワーク作りを推進させられる位置にある、との主張をしたことがあるが、その事情は今もあまり変っていない。ただ、エリツィンはゴルバチョフに比し実行力はあるが、考え方の次元が低いように見える。したがって展望はあまり明るくない。

二　日本文化の構造

世界の危機は遅かれ早かれ日本をも直撃するであろうが、ソ連の場合とはまた違った現われ方をするであろう。まず日本文化の特徴に目を向けてみよう。

文化とは、人間の行為の表現された集約という定義でよいであろうか。動物学者中原正木（『人類の歩いてきた道』講談社、『人は足から人間になった』労働旬報社）によれば、人間が人間として確立したのは、踵と手と唇の三つを持ったためであるという。踵で直立できる動物はあまり多くない。樹上生活からステップに降り立った人間は、自由になった手と目の連動で道具を使い、大脳を発達させた。唇から出る声は言葉となり、人は言葉で考え、言葉は概念を生み思想となり社会を作った。このような人類のカオス的進化は、フラクタル構造を成長の経路に残し、これが骨格となって次の進化を進展させた。したがって文化には個別性と普遍性とが多重に共存し、その様相が文化の性格を形成している。この人類進化の構造は、P・マクリーンによれば、言語機能を持つ理性脳即ち大脳皮質・内臓と感情の制御をする情動脳即ち大脳周辺系、本能の働きを受け持つ反射脳即ち大脳古皮質の3層に現われているという（法橋登『科学の極相』哲学書房）。外に向かって拡がった社会文化のフラクタル構造が、内には脳神経系のネットワーク構造に現われたのは、生命の持つカオス性即ち自己相似構造の再生産力と無縁ではない。それ故にこそ、人は社会とも連係し、自然を反映する小宇宙ともなり得たのである。

前置きが長くなったが、日本文化の新時代的問題点はやはり世界共通のグローバリゼーションの問題である。ただし、日本のグローバリゼーションは、弥生縄文の昔から育くんできた日本文化のフラクタル構造の上に築かれるべきものであり、さらに従来の伝統的文化と異なる新しい次元が加わって展開すべきものである。西山千明（『中央公論』1990年9月号）は、個別と普遍を論じ、「今や人類は、動態的であると言いながら実は線形分析でしかないために、存在は分析できても生成は分析できず、また有機的な関係に視点を据えることができないでいる。欧米型の決定論的パラダイムは、新しい世紀を切り開けないようになっている。個人を重視しながらも、あの「共同生活体」が持っていた個人間の有機的つながりや「想発性」を等しく重視する「燃え上がる」パラダイムを切実に必要とする」と述べている。力学系理論の的確な人文学的表現である。日本文化が動き出すためには、その特性を根源から再検討する必要があると思われる。

日本人の生活感情がイスラエルや西欧やアラブなどのいわゆる啓典の民の一神教的生活感情と大きく異なっているものは何であろうか。一つは、やはりシャーマニズム・アニミズムの色濃い神道であろう。これは宗教色のあまりない心霊の世界である。能は仏教の影響も少なからず受けているが、本質的には人の情念と霊との交流の記述である。イマジナリーな世界、虚の世界である。本当にあるとは思っていないが心の裏の世界に恐れがある。その恐れをさらりと忘れる作法も用意されており、これを「禊」という。おそらく、禊は地震や台風一過の秋晴れという風土が生んだ生活の知恵で、怨念を払い、昨日の煩わしいことを水に流す儀式となったものと思われる。1000年以上も前の確執を今だに続ける粘着性は日本人にはない。徹底した理論の追求は得意ではない。ただ、このすぐ忘れるという資質はあまり世界に多くない資質である。

第2に挙げるべきは「てにをは」であろうか。「てにをは」は、主語・述語・目的語などの順序を変えても文章が成り立つようにする働きを持ち、また外来語がごちゃ混ぜに混入した文章でも日本語として通用させる能力を持った媒介の言葉である。日本人は「てにをは」で物事を考えているのである。「てにをは」には助詞という名前がついているが、むしろ幹詞と呼ぶべきかもしれない。日本文化は仏教であれ西洋文化であれどんどん取り入れて一向に内部分裂しない。まさに「てにをは」の効用と言うべきか。だが「てにをは」文化では、本質がだんだん曖昧になっていきかねない欠点がある。いったん成長の流れが止まると、形式主義の骨組みだけが後に残る。

第3には、聖徳太子の「和を以て貴しと為す」がある。このところやや旗色が悪くなっているが、日本式経営法は確かに日本式和で成功を収めてきた。しかし、和が単に現状肯定となり、権力者が人々の不満を押さえるためや、多数が少数の意見を封じたりするための道具にされる可能性がある。したがって和が堕落しないためには、次元の高いフィロソフィーの支柱を必要とする。それがないと、権力による圧政の世の中となってしまう。聖徳太子はその支柱を仏教に求めたが、仏教は一神教的な権威は持たず、ついに国教として定着せず、多くの国分寺は遺跡を残すのみとなってしまった。

もちろん上の三つの特性だけで、日本文化のその後の動向がすべて決まるわけではない。第1に、三つの特性が結合した発展、殆ど予測不可能なカオス的発展が、次々と前の発展を土台として発展するという事実がある。第2に、その発展の場である風土が変わる。人が環境を変えるのである。第3に、島国とはいえ日本は外の影響に対して閉じてはいない世界である。即ち日本思想の源流には、仏教・儒教・道教の東洋思想が流れ込んでいる。したがって仮に上記三つの特性以外に、風土・仏教・儒教を加えて六つの要因だけで力学系を形成したとすると、歴史は少なくとも13の異なった側面からの記述を必要とすることになる。この仕事は歴史家に頼る以外にないが、歴史家といえどもこれを完全に成し遂げることはできない。それでは歴史家はどうすればよいかというと、記述に使う座標原点をその時点に据えて、線形の見通しの効く範囲で分析することになる。良い歴史家はなるべく長期間線形の見通しの効く座標系を発明して、良い歴史観を創作する。コンピュータ用語で言えばハード化した座標系を選ぶのである。ある時点で採用した座標系と違った時点で取った座標系の間の座標変換には一般にゲージ変換で現われるゲージ場が現われるから、それが歴史観を形作ることになる。

日本文化のハード化した座標として、この小論では禊とてにをはと和を採用した。力学系理論によれば、いくつ採用するかが問題であって、何を採用しても本質的には違いないのであるが、ノイズの多い系に対してはなるべく長期の見通しのきくハード化した座標を用いるのが実際的であると思われる。事実、いざ何か事を起こそうとすると、プラグマチックな禊や和やてにをはの流儀が出てくるところをみると、この選択はあまり間違っていないようである。

即ち、地球が狭くなった今の時点で、日本は何を為すべきかというと、猪口孝（『中央公論』平成3年3月号）によれば、経済・安全保障・技術・環境の四つの分野を一つの概念とした「新しい地球主義」を打ち出し、日本がイニシアチブを取って全世界に提示すべし、ということになる。

確かに日本の為政者はこの線で繰り返し世界に訴えていくべきであり、他にやりようがあるわけではない。しかしながら、世界には様々な考えの持ち主がおり、また宇宙観・生命観・物質観が全く一新されつつある現在、中心となる指導理念は明確に提示しておく必要がある。ここでは、フィロソフィーの対立を恐れてはいけない。フィロソフィーの対立はむしろ新しい発展の契機であるから、これに正面から取り組まなくてはならない。フィロソフィーにおける矛盾対立を解決することは常に可能であり、その解決の方法も力学系理論がヒントを与えてくれるからである。その原理は定理2に現われたように、次元を高めることに他ならない。この方法は、最先端の素粒子論にも適用され、東洋的「無」の思想にも現われている。それについて述べることが以下の節の主題である。

「無」の構造が、次元を高めた段階での自明な真理が極限移行した姿であり、そこで矛盾が解決できることを示すものとなっていることを、我々は長いてにをは文化の伝統を通じて仏教から学び、体得しているように思われる。しかし我々は、そのことを自分自身にすらうまく説明することができないでいる。「無」の構造を、極限移行する前の段階での見やすい構造から明らかにすると共に、極限移行のプロセスを明確にする必要がある。それなくしては、日本人の心情はいつまでたっても世界に理解され得る表現を取り得ないからである。ここにおいて、我々はついに西洋文化の成果である数学を新たな視点として東洋思想に導入することになる。これは自然科学と東洋哲学との次元を上げた統一である。21世紀が数学の時代と言う人がいるが、その真の理由は実にここにあるのである。

三　絶対矛盾的自己同一の数学モデル

三つ以上の要因が結合して進化の起こる事例は身の回りに限りなく見られるが（海野和三郎「科学のフラクタク次元と分類」『パリティ』第1巻、昭和61年）、次元を上げると難問が解決する事例もいくらでもある。例えば、以前から問題となっている脳死に伴う内蔵移植の問題がある。医学者による脳死の判定基準、法学者による内蔵移植の法的条件、宗教家による日本人の死生観の解釈などがからみあい、結局は誰にも完全には納得できないまま実際的な妥協で事が処理される。しかし、もし第4の次元として脳死者本人の意志を加えたならば事態は一変し、それまでのすべての議論も生きてくるように思える。そのためには、然るべき身分証明書の裏の「自分が脳死になったら内蔵移植に献体したい」という意志表示をする欄に、丸を付けておくかどうかだけでも事が足りるのである。

筆者はかつて同学のカトリックとユダヤ教徒を相手に、自殺について論争したことがある。私の言い分は「もちろん自殺は良いことではない、しかし自殺の自由なくして生命の尊厳はあり得ない」ということであった。彼らはその瞬間絶句したが、神なしにも生命の尊厳があり得ることは分かってくれたようであった。その時、私の脳裏には、釈尊が前世において飢えた獣に身を与えようとした姿があったように思う。生命の尊厳は脳死者の意志の尊重に現成するものと考える。

結晶とアモルファスとの中間の準結晶というものがある。まず平面上の正方格子を考え、その格子点をある直線に投影すれば、その直線の方向が縦横比が簡単な分数をなす方向でない限り、投影された点の分布が半規則的なフラクタル構造を為す。この考えを一般化して、結晶構造に適用すると準結晶の構造が理解されるという（南宣行『近畿大学理工学部研究報告』25号、1989年）。投影する直線が実際の空間の直線であり、補助に使った架空の正方格子の平面は1次元高い2次元である。

茂木和行はその著書（『木から落ちた神様』毎日新聞社、1991年）で、キリスト教の神は極限にあり、仏教の仏は極限であることを論証した。茂木の考察については後でも述べるが、ここでは極限の概念は一つ次元の高いところで作った系列の行きつく先のことであること、極限自体は必ずしも一つ下がった次元に属さず、そのためしばしば下がった次元でパラドックスを示すことがあること、の2点に注目しよう。

具体的な例を挙げよう。まず、平面上の左右に2点を取り、その2点を通る1波長の正弦曲線を考える。次に、その半分の波長で正弦曲線を描くが、その振幅は前のものよりも小さくその半分より大きくする。この操作を何回となく繰り返すと、振幅はどんどん小さくなり、ついには2点を通る線分と見かけは変りない線を得る。しかしながら、それらの正弦曲線に沿った長さは常にある割合で増加するから、ついには無限大の長さとなる。線分とは2点を通る最短距離のことであるから、この長さ無限大の線分はパラドックスである。しかも、これはゼノンのパラドックスのように人為的で除去可能なパラドックスではなく、実在する真正のパラドックスなのである。

この極限は、実は1次元と2次元との中間[1]のフラクタル次元を持つ線で、B・マンデルブローのいうイギリスの海岸線の長さは砂粒による凸凹まで計ると殆ど無限大になるということと同じ基盤の話なのである（『フラクタル幾何学』広中平祐監訳、日経サイエンス社、1985年）。自然はこのパラドックスを避けるために、プランク定数を設けて極限移行を押さえたように思われる（海野和三郎、"Paradox as Basis of Science", Sci & Tech., Kinki Univ. No. 2,1990.）。

西田哲学のキーワードに絶対矛盾的自己同一という言葉がある。上述の無限大の長さを持った線分は、この絶対矛盾的自己同一の言葉通りの性質を持っている。絶対矛盾的自己同一の1次元（本当はフラクタル次元）モデルと言ってよいであろう。もしそうなら、絶対矛盾的自己同一は見かけの次元より大きな次元のエネルギーを持った極限概念であるということになる。茂木が前記の書で論証した「神は極限概念である」ということと考えあわせると、西田幾多郎が「善の研究」をするのに、善悪の基準となる宗教的なる規範に対し絶対矛盾的自己同一をもってきた意味が分かるのである。西田幾多郎・鈴木大拙と言えば、禅の思想を哲学の言葉で西欧に伝えた先哲である。これは壮大な業績であったが、それがどれほど西欧の人々に理解されたかは疑問である。やはり言葉と文化の伝統の違いは大きく、座標変換に伴うゲージ場の障壁は越え難いものがあるであろう。この時、絶対矛盾的自己同一の1次元モデルは意味を持ってくる。数学はイスラム教徒であろうとラマ教徒であろうと、アステカの古代人であろうと未来の日本人であろうと誰にでも分かる言葉である。このモデルは今のところ、何も新しいものを付け加えないが、極限移行とする前の構造を教え、極限移行の仕方を教え、さらに同じ絶対矛盾的自己同一にも多様性があり違うモデルがあり得ることも教える。それは架空の概念ではなく、現実に存在する性質なのである。

四　科学の言葉と宗教の言葉

科学と宗教とはルールが全く違っていて、お互いに交じり合うことはないとするのはウィトゲンシュタインの哲学であった。しかし、それなら次の文章を一体どう解釈したらよいであろうか。「真空は無限定な真実在であって、座標系によらない宇宙原理であるから、宇宙創造は自発的対称の破れによる。自発的対称の破れは四つの力で、それは真空が多次元空間のゆらぎの制限を受けて顕在している存在である。」実は、この文には次のような原文がある。「ブラフマンは無限定な真実在であって、非人格的な絶対の宇宙原理であるから、宇宙創造は主宰神による。主宰神はウィシュヌーの神で、それはブラフマンが根源的無知（無明）の制限を受けて顕在している存在である。」これは宮坂宥勝の「インドにおける無神論と有神論」（『學士會会報』787号、1990年）の1節で、8世紀ウェダーンタ学派シャンカラの宇宙論を述べたものである。

これに対し、前の文は字句を入れ替えただけの偽作であるが、現代の素粒子論的宇宙論を述べたものである。現代の宇宙論とシャンカラの宇宙論との構造の類似は注目すべきである。インド哲学と現代物理学との宇宙論における相似性は、松下真一らによってつとに強調されたところであるが、一神教的なウィトゲンシュタインとは逆に、何故そのような相似性があり得るのか、日本の科学者哲学者に課せられた現代的な課題[2]である。

先頃出版された法橋登と茂木和行の二つの著書は、自然科学の立場からの創造的な哲学書として注目に値する。法橋は、原子力・生命・知能といった自己増殖系の研究に興味を持ち、「科学の極相」（思考の対位法）」を著した。彼はまず、ポパーとエルクスの物質世界・外感覚・内感覚・純粋自我・文化世界を、仏教の色・受・想・行・識の五蘊と対位させ、素粒子の統一理論における対象世界とそれが破れた現象世界とを、ナーガールジュナの中観説における本質世界と現象世界に対位させる。一方で得られた知見を他方に持ち込むと新鮮な発想となる驚きが見られる。

「過去を化し、現在を化し、未来を化するに、過去より現在に正伝し、現在より未来に正伝し、現在より過去に正伝し、過去より過去に正伝し、現在より現在に正伝し、未来より未来へ正伝し、未来より現在に正伝し、未来より過去に正伝して、唯仏与仏の正伝なり」という『正法眼蔵』の言葉は、未来から過去に向かう粒子軌道は過去から未来に向かう反粒子軌道として観測されるから、世界線が未来から過去に、過去から未来へと屈折できることに気がついたファインマンの驚きと対位される。

以上、意識的に仏教と科学の対比の部分を抜粋したが、法橋の方法が量子力学など先端的な科学であるにもかかわらず、その手口はまさしくてにをはと和による自己増殖型の階層的ネットワークの形成に他ならない。ネットワークに物が溜まると論文を書いてまとめる、ちょうどイザナギノミコトがアマテラス等の神々を禊で生んだように。おそらく、この方式がこれからの日本の知性を築くのには最も効率のよい方式であろう。日本式知性創造法である。ここにおいて気が付くのは、てにをは・和・禊という日本文化の方法は実は生物の成長の方式であったのである。

法橋の変幻極まりない議論をすべて紹介するわけにはいかないが、彼の興味の中心である自己増殖系は自己参入のプロセスを内蔵するから、必ず「私は嘘つきだ」という命題の真偽と同じような自己言及のパラドックスを持つ。すべての法則を導出できるような「究極の法則は存在しない」というのが究極の法則」なのである（ホィーラー）。この場合、形式言語と因果律は理性脳が扱う直鎖論理の世界で、自分の内部から停止命令を生み出せない。法橋は反射脳と情動脳の関与、すなわち「艶」（美の次元）という異次元の導入を勧める。しかしながら、この自己言及のパラドックス問題に関しては、茂木が宗教の先見性に頼りながらもあくまでもしつこく直鎖論理で解を見出そうとする。

その解は、一つは「繰り込み」による超越であるが、他は「イマジナリー」即ち虚の導入にあれたがいじょう虚数は量子力学のシュレーディンガー方程式によって実体を扱う物理学に導入されたが、今では広く用いられ、例えば宇宙の始まりは時間が虚数から実数に転じた時と定義される。虚は実在し、阿弥陀も神も虚の実在で、量子力学のトンネル効果によって実世界と交流するという。

一方、真性のパラドックスの「繰り込み」は、「無」または「空」として現成するものと考えられるが、シューニャ（空、ゼロ）に内部構造があることを指摘したのは、前出のシャンカラであった。ここにも宗教哲学の先見性と精密科学の実証性との共鳴が見られる。「虚」と「虚数」との対位により、宗教と物理学の統一を図った茂木の功績は成否にかかわらず大きく評価されるべきであろう。只管打座を唱えながら、『正法眼蔵』の大著を著すパラドックスを行った道元が今いたら、何を考えたであろうか。

人口問題・エネルギー問題・環境問題の解決は、新しい文明の開拓を要求する。パラドックスの解は新しい知性を要求する。法橋は生物的な解を、茂木は数学的な解を、私はカオス的な解を考えた（"Multidimentional Representation of a Dynamical System", Sci. & Tech., KInki Univ., No.3,1991）が、要するに次元を増やすことが必要とされる点では共通である。

一方、数学基礎論によれば、述語論理の体系はゲーデル・ヘンキンの定理によって完全（証明可能と普遍妥当との同一）であり、モデルを持つ。理性はそういったモデルによって思考していることになるが、我々の現在もっている論理の公理系では真偽を判定できない論理がいくらでも存在し（ゲーデルの不完全性定理）、それらを決まった方法で発見する手法（アルゴリズム）も存在しないことが知られている。したがって我々は今、外圧であれ内圧であれ、あらゆる難問と積極的に取り組むことによってのみ、新しい知性を創造する道が開けるのである。

物事の本質に座標原点を定め、十分多数の次元を用いて問題を誰にでも分かるように記述し、生物的に数学的にあるいは力学的に、理性脳が情動脳と反射脳の支援を受けて、個別と普遍が有機的に連動して「燃え上がる」パラダイムを築き上げなくてはならない。おそらくそれのみが日本の文化の伝統を生かし、21世紀に世界と共に生きていく道を開くことになるであろう。それは先哲の訓《おしえ》るところとも矛盾しない。よしやそれが破滅への道であろうとも、宇宙のなかに精一杯生きたならば何も悔ゆるところはないのである。

（『新教壇』第6号、（財）日本宗教研究会、1994年）

注

1　星が星団をなし、星団が星団群をなし、銀河をつくり、銀河群・銀河団をつくり、超銀河団から宇宙をつくるといった階層構造がある場合、これをフラクタル構造という。2星間の距離がrより小さい星のペアーの総数がrの何乗に比例するかで分布の次元を求める。星の分布が完全に一様でランダムならば3次元であるが、階層構造のある場合3より小さい2・3次元といった半端（フラクタル）な次元となる。

2　部分的な答として、レーベンハイムの定理がある。「一つのモデル（宗教的宇宙観）に対する理論は、思いもよらぬ他のモデル（科学的宇宙観）にあてはまることがある」。むしろ、モデルを構想する人間の知性の構造が問題である。

解説

海野宇宙讃歌

わたしは海野和三郎先生が大好きである。心の底から尊敬している。そのような、親密で深い敬愛の感情を抱いた人は、他には、仏教学者の玉城康四郎先生と宗教学者の戸田義雄先生だけである。戸田義雄先生はわたしの恩師であるが、その生き方とご厚情にはいつも心の中で手を合わしている。戸田先生なくして今のわたしはない。

玉城康四郎先生を初めて知ったのは、比較思想学会での講演であった。確か、一九七四年の秋のことではなかったかと思う。その講演で、玉城先生は「マルクスは菩薩である」と語られた。度肝を抜かれる思いだったが、痛快だった。わたしはマルクス主義者ではなかったが、その自由な捉え方に共感し、そのとおり！　と思ったものである。

海野先生は本書第4章の中で、その玉城康四郎先生を、「平成三如来」の一人に挙げておられる。「マルクスが菩薩である」という命題にリアリティを感じる心からすれば、「玉城康四郎は如来である」という命題にも同様のリアリティを感じとることができる。その独自の海野如来論においては、「生きている間は、人々の救済に獅子奮迅の働きをした菩薩が亡くなってなお人々を守っている菩薩のことを如来という」と定義される。生前、菩薩として獅子奮迅のはたらきをし、死後は、如来としてさらに大きく自在に立ちはたらく。とすれば、海野先生も間違いなく如来のお一人になるであろう。そう確信している。その時、今度はわたしが海野先生を、「平成の四如来」として顕彰し、讃えなければならない番になる。

本書第4章に明らかなように、海野先生と玉城先生は親交があったが、わたしから見るとお二人はとてもよく似ている。第一の共通点は、その体型。体が細くて、透明で軽そうである。どこか、昔のSFで見た「火星人」のような感じ。そこに、いつも爽やかで澄明で高潔な風が吹いている。気持ちがよく、爽やかで伸びやかである。開放的だ。

第二の共通点は、たぶんそれに関係していると思うが、思索に深遠な宇宙性がある点である。海野先生は米寿になった今も暇があったら、宇宙方程式か何かわからぬが、数式を書いて思索しておられる。フェルマーの定理の小学生解（小学生でも理解できる解き方）も編み出された。数字や数学は海野学の思考言語である。それに対して、玉城康四郎先生は「全人格的思惟」を推し進め、「いのちに目覚める」こと、すなわち「業熟体」の道を説かれた。晩年に、わたしたちが開いていた「宗教を考える学校」に来ていただいて講義をしてもらった際、タクシーで玉城先生を送迎する機会があったが、毎日朝夕に行われる瞑想の中で「宇宙に吸われるんだよ」と語っておられた。海野先生もまた「宇宙に吸われている方」であると思う。海野先生の「面積無限大の点」

という「絶対矛盾的自己同一の数学モデル」は、西田幾多郎を介して海野宇宙と玉城宇宙を串刺しにしたようだ。

第三の共通点は、その純真な飽くなき好奇心と探究心。そしてその波動の響き合い。名人は名人を知るというか。達人は達人を認めるというか。お互いに、その「自由・自遊」を授受し合いながら、風のように生きた（生きている）。

第四の共通点は、その深い人類愛と未来意志。玉城先生と海野先生は「預言者」的仙人である。「如来」の心を感受し、宇宙の意志を受け止めて、いのちの帰趨をそれぞれの言語で諭し伝えている。本書にはそのお二人の直球のメッセージが交響している。

海野先生は、一九二五年（大正一四年）一〇月二日埼玉県浦和市に生まれた。中学校は徳島県の富岡中学校から山梨県の都留中学校に転校し、中学四年で旧制松本高等学校に入学。卒業後、東京帝国大学理学部天文学科に進み、その後、東京天文台の助教授や東京大学の教授を務めた。海野先生の偉大な功績は、天文学上の発見（海野・ラチコフスキー方程式など）もさることながら、優れた弟子を輩出したことである。海野先生の口癖は、「自分より優秀な天文学者を四〇人育てた」というものだが、衒い無くこのように言えることがどれほど凄いことか、わたしも四〇年近く教育現場で仕事をしてきたのでよくわかる。凄い！　素晴らしい！　万歳！　と言いたくなる大功績である。

その海野先生と縁あって、一緒にNPO法人東京自由大学を運営してきた。東京自由大学は設立一五年が過ぎたが、海野先生が二代目の学長となってすでに一〇年が過ぎた。その東京自由大学の第一期の活動の集大成として今年から「世直し講座」を始めたが、その第一回目を海野先生とわたしが「東京自由大学の世直しマニフェスト」と題して担当した。

海野先生の世直し論は、第一にエネルギー問題、第二に地球環境問題、第三に教育問題である。本書は、その海野天文学哲学の問題意識に沿って、第1章をエネルギー論、第2章を地球環境論、第3章を教育論としてまとめた。それらの根底に、海野宇宙（性）論があるので、それを第4章とした。

その各論は各章を読んでいただくとして、ここで強調しておきたいのは、海野先生が昨今の異様な気象変動に関連して、本書第1章の「米寿の宇宙哲学随想」の中で、次のように述べている点である。「プレートテクトニクスで、活断層ができ、その沈み込みによって地震が起きる、などというのは経験論結果論であって、原因論本質論ではない。地震の原因は、地球自転と地熱伝搬の粘性流体力学にあると考える。地震は億年前にもあったであろうが、我々の知っている100年1000年毎に起こる大地震の原因は、粘性流体の対流による対流熱伝導が地球自転と結合して生ずる渦巻き対流（竜巻）が運ぶ回転の角運動量が原因であると考えられる。地熱が伝わるいわゆるマグマ層や海や大気に現象が現れる。陸上ではそれが竜巻を、海上では台風の卵：帯性低気圧となり、地中ではマグマの渦巻きを起こし、それら渦の中心部の上昇流が上下の温度勾配を減少させる：対流熱伝導による地熱伝搬形態である。熱帯性低気圧の場合、中心部の高温上昇気流に周辺の海面上の大気が流入してくるが、赤道に近い（自転速度の速い）大気と赤道から離れた大気との間で回転運動が起こり、遠心力で中心部が希薄となり、上昇気流速度は増して、渦巻きは赤道を離れる方向に動いて勢力を強め、台風となる。日本列島に近づくと台風軸のバランスが悪くなり台風は消滅するが、その回転角運動量は半ば地面に残り、何千万年の蓄積が日本列島を富士山中心に折り曲げる役割をした。そのストレスの解消が１００年に1度の地震となって現れると考える。関東大震災がそれだとすると、あと20～30年の内にまた東京中心に大地震がくる可能性がある。同様に、マグマ層の台風による角運動量の輸送が１０００年に1度の東日本大地震の原因と考えると、当面は余震への対策が重要で、超大型地震への対策としては、被害の本質の具体的な記録を残し、将来世代へ充分な対策を依頼することであろう。マグマは水や大気と異なり電気伝導度をある程度持つから、台風の痕跡も磁場の模様となって残る可能性がある。」

重要なのは、現象の表面の説明だけでは広範囲な運動を捉えたことにならないので、その背景を成す根本原因を正確に捉え、全体像を把握することが必要であるということに注意を促している点だ。日本列島には、西からユーラシアプレート、北から北米プレート、東から太平洋プレート、南からフィリッピン海プレートが張り出し、列島の下および周辺の海底で重なり合い、沈み込み合っている。それによって生じる断層が地震の直接のきっかけを成しているが、しかしそのプレート運動がどのように起こっているかと言えば、地球自転と地熱伝搬によって起こる渦巻き対流である。この渦巻き対流が、陸上で竜巻を、海上で台風を、そして地震を引き起こす根本原因を成していると海野先生は指摘するのだ。

このような天文学・宇宙物理学・地球科学的な考え方や知識は、これからの人類の生き方や未来社会を構想していく時の必須の思考方法となるだろう。人類の未来と生存において、宮沢賢治が示した「銀河系統・四次元感覚」などの宇宙的感覚と思考は必須である。その意味で、本書での海野宇宙学の帰結するところは「宇宙的預言」といえる。

本書の冒頭で、海野先生は、人口問題・エネルギー問題・環境問題が将来世代の人類の生存を脅かしている現状と未来を予見しつつ、一六倍集光の太陽熱エネルギーに根本的に切り替えていくことを通して、地球環境的生命史的人類生存の未来デザインを提示している。食糧問題や少子高齢化問題や資源の奪い合いから起こってくる国家間対立や紛争や文明の衝突。そうして「危機」を脱していく「如来」のあり方とは何であるか？　本書には、一流の天文学者が見据えた「いのちの目覚め方」の熱いメッセージが込められている。

本書の編集作業は、NPO法人東京自由大学理事で前運営委員長の岡野恵美子さんが中心となり、海野先生の仕事を補佐してきた進士多佳子さんが協力した。もちろん、出版元のBNPの野村敏晴社長の力も借りて本書ができ上がった。そのことに心からの感謝を捧げたい。また本書の出版を通して、米寿となられた海野先生の功績を改めて顕彰し、讃えたい。

ＮＰＯ法人東京自由大学の講座で、西田幾多郎門下の京都学派の長老の宗教哲学者上田閑照名誉教授が来られた時、海野先生を一目見て「宇宙の寅さん」と命名された。海野先生はその名付けがとても嬉しかったようで、それ以降、しばしば自分のことを「宇宙の寅さん」と自称される。米寿も軽々と通り過ぎようとしているその「宇宙の寅さん」のますますの自在なる宇宙遊泳を寿ぎたい。

天《あま》と海《あま》　いのちの道を　生き通し
　和して寿ぐ　野の三郎ぞ

二〇一四年六月八日

鎌田東二拝

●海野和三郎（うんの・わさぶろう）

1925年埼玉県さいたま市生まれ。1947年、東京帝国大学理学部天文学科修了。1963年、東大教授。1986年、定年退官。1986年、近畿大学教授に就任。1996年、東京自由大学学長。東京大学名誉教授。天文学者。理学博士。専門は理論天体物理学。旧制松本高等学校時代、物理の向井正幸の影響を受け、物理学者を志したが、戦時中入試のできない年にぶつかり、入学の比較的容易な天文学科に志望を変更した。ここで萩原雄祐と出会い、理論天文学分野で活躍。量子力学を天文学に導入するにあたり先駆的な業績を上げる。磁場中の吸収線形成のUnno方程式の発見や、恒星の大気における振動の理論研究において学問的業績を残す。また、現在の国立天文台の理論研究部の基礎を築く。教育面においては、加藤正二、尾崎洋二、祖父江義明など多くの理論天文学者を育成したことで知られ、海野学校、もしくは海野スクールと呼ばれる。モットーは、教育者は人を育て、人を励まし、人に勇気を与えること。

著書に『天文・地文・人文』（東京書籍）、共著に『星と銀河の世界』（岩波書店）、『されど天界は変わらず・上諏訪日誌』（東京大学理学部天文学教室編）、『Nonradial Oscillations of Stars』（京大出版）ほかがある。

宇宙マンダラ

２０１４年10月２日　初版第１刷発行

著　者　海野和三郎

発行者　野村敏晴
発行所　株式会社 ビイング・ネット・プレス
〒252-0303 神奈川県相模原市南区相模大野8-2-12-202
電　話　０４２（７０２）９２１３
ＦＡＸ　０４２（７０２）９２１８
装　幀　山田孝之
印刷・製本　株式会社モリモト印刷
ISBN 978-4-904117-99-6 C0044